黄山旅游环境容量研究

刘 玲 吴鹏森 著

上海三联书店

黄山迎客松

课题组成员合影（2005 年8 月11 日　黄山）

前排左起　厉成梅　唐晓菁　刘　玲　吴汉红

后排左起　张文娟　吴鹏森　赵昌斌　张继辉

前　言

　　《黄山旅游环境容量研究》是我们多年前受黄山风景区管委会的委托所承担的世界文化与自然遗产项目的研究成果。由于信守委托方的保密承诺,直到今天才将成果正式出版。为了让读者更好地了解黄山的历史变迁与新时期旅游业的发展背景以及本课题的由来,特在前面就有关问题作些介绍。

一

　　黄山位于安徽南部,主要由燕山期花岗岩构成,因山体苍黛青黑,古名黟山。与中国其他名山相比,黄山成名相对较迟。作为中国名山代表的五岳早已经名闻遐迩,黄山却像个大家闺秀,一直"养在深闺人未识"。可以说,在唐宋以前,中国人对黄山并没有太多的概念,这里既有政治原因也有地理因素。从政治上讲,古代中国的中心长期徘徊在三秦大地与中原地区,黄山远离国家政治与文化中心。从地理上讲,在那个长途旅行以水运最为便捷的年代,由黄河、长江与大运河三条"黄金水道"围成的中央板块就成了中国历史上各界精英的主要活动空间与历史舞台。当然,黄山自身由于"海陆不通,舟车隔绝"、"自石壁外无路,于岩窦外无宫",所以很难成为僧人商贾、文人墨客和达官贵人愿意到达和能够到达的地方。

这种状况到了唐代才有了初步的改变。据传上古时期,轩辕黄帝打败了九黎和炎帝之后,和部下容成子、浮丘公等商议如何追求长生不老之术。浮丘公对黄帝说:"炼成金丹,必资山水,山水灵秀,丹药易成。臣尝遍历名山,惟黟山为神仙都会,山高林茂,可资炭炼药,灵泉甘美,能煮石成丹。"黄帝信其言,便和容成子、浮丘公一起来到山灵水秀的黟山进行修炼。本来,这不过是一个传说而已,但到了唐中期,唐玄宗李隆基却根据这一传说,于天宝六年(公元747年)将黟山正式更名为黄山,黄山于是也成了中华大地上唯一以黄帝命名的山。

唐玄宗为什么突然会有这样一个改名举动,至今没有看到相关的解释。很大的可能是与唐朝的宗教政策有关。

唐代是中国古代王朝的鼎盛时期,文化上海纳百川,非常自信,形成了以儒学为核心,儒释道互补的国家意识形态和思想体系。但是,唐朝在佛、道关系的处理上一直犹疑不定,一波三折。唐初,为了抬高李唐门第出身,特意攀附道教教主老子(李耳)为祖先,将道教置于三教之首。说出的理由也冠冕堂皇:道教、儒教均为本土宗教,且孔子曾问道于老子,佛教是后来传入和兴盛起来的,属于外来宗教。因此,唐初将道教排第一,儒教排第二,至于佛教宜尊客礼放在最后。到了武则天时代,武氏为了以武周取代李唐,有意扬佛抑道。等到武周政权重归李唐后,李氏后代帝王自然要重新尊崇道家。这或许正是唐玄宗依据道家传说,将黟山改名为黄山的深层背景。

然而,不论出于何种原因,大唐皇帝诏令黟山更名为黄山,必然会对天下文人产生影响。不几年,大诗人李白就到黄山来了,还留下了几首歌咏黄山的诗篇。相传李白在"醉石"前举杯绕石三呼:"五岳寻仙不嫌远,一生好入名山游。"而"黄山四千仞,七十二莲峰。丹崖夹石柱,菡萏金芙蓉"更是成了诗仙咏歌黄山的绝唱。李白之后,唐代还有几个和尚也前来黄山,其中最有名的是诗僧释岛云。他是第一个登上天都峰并在鲤鱼背旁结芦而居的诗人。岛云为黄山留下了十首诗,尤以《登天都峰》最为有名:"盘空千万仞,险若上丹梯;迥入天都里,回看鸟道低。"其意境一点不逊于李白。

宋代以后,特别是南宋时期,随着中国政治中心的南移和江南经济的发展,黄山的名气越来越响,文人士子纷纷前来黄山并留下了大量题咏。但真正的改变是明代,明朝有两个人对黄山的未来产生了重大的影响。一个是有黄山开山大师之誉的普门法师。一个是大旅行家徐霞客。

前些年,中央电视台一部专题片《大黄山》,让人们充分认识了明万历年间的普门和尚。他为了追梦,费时8年从山西五台山云游至黄山,在玉屏峰下创建了文殊院,后又对法海禅院进行改建,并由神宗敕封为"护国慈光寺",皇太后还专门赐以佛经、佛像、袈裟、锡杖、钵盂等一应佛事用品。黄山由此声名大躁。更为影响深远的是,普门法师还亲自规划并实施了黄山步道开凿工程。他将佛门信徒培训成第一批工匠,指导他们在悬崖峭壁上凿出了一条登顶之道。这条步道由人字瀑起始,翻越天都峰、莲花峰,直抵光明顶。此后四百年间,这条山道一直是黄山旅游的经典线路。普门法师是当之无愧的黄山开山大师。

徐霞客是中国历史上第一位职业旅行家,也是著名的地理学家和旅行作家,毕生志在"问奇于名山大川","穷九州内外探奇测幽"。他曾两游黄山,第一次是31岁(1616年)那年,他在春节后不久的二月进山,不巧正逢雨雪天气,"壑深雪厚,一步一悚"。但他不畏险阻,游览近十日,留下了许多生动的记述。然而还是有一些重要景点未能到达而留下遗憾。于是在两年后的九月,他再到黄山。这一次他终于登上了天都、莲花两峰,从而得偿夙愿。在从后山下山转道九华山时,有人问他,先生游历了四海,感到何处最奇?徐霞客慨然答道:"薄海内外无如徽之黄山,登黄山天下无山,观止矣!"三百多年后的民国年间,歙县人汪鞠卣在《黄山杂记》中将徐霞客的这一感叹记载入书,并归纳为"五岳归来不看山,黄山归来不看岳"。从此,黄山集五岳之美,位冠中国名山之首的美名开始流传海内外。

此后,黄山的美名引来了一代又一代文人画家,一批又一批商贾政客,他们中有的人不过是慕名而来,走马观花,有的人则沽名钓誉,在黄山的崖壁上刻上几个大字以求流传后世。但也有人真正沉醉于黄山的山水云雾之中,把黄山当成了自己的世外桃源。

但是,不论黄山如何奇美无比,千百年来,黄山只为少数人而存在,能够登临黄山游览的只能是为数极少的社会精英。对当地的山民来说,黄山是阻碍他们走出去的巨大屏障,甚至可以说是他们世世代代贫困的根源;对外地的全国老百姓来说,黄山也只能是可闻而不可及的传说。

二

时间到了1935年,出生于安徽的民国政府全国赈济委员会委员长许世英,牵头组织成立了"黄山建设委员会",这是中国历史上第一次由政府出面,企图通过行政资源和社会力量来开发黄山。在此背景下,张大千、李四光、杜月笙、黄宾虹、郎静山等一众名人大腕都积极投身其中,黄山建设一时声势大壮。然而,在积贫积弱的中国,根本没有能力将黄山开发成现代意义上的旅游胜地。

新中国成立后,黄山虽然成立了专门的管理机构,但它的命运只能是林场、茶场和各级各类官员的"接待"单位,在低工资时代,连文人墨客、富商巨贾这些传统的"游客"也没有了。直到改革开放初期,尽管门票只有0.5元,每天自发来黄山旅游的游客也不过几十人。

1979年,黄山迎来了一位特殊的尊贵客人,这就是中国改革开放的总设计师邓小平。这一年的7月12日,75岁的邓小平在家人和随从的陪同下上了黄山。临行前,他与当地领导"约法三章":一不接受滑杆抬送,二不许封山妨碍群众游山,三不许对外宣传报道。一路上,经历过长征的邓小平比陪同的年青人走得还要欢快。中午,他和陪同人员一起在路边吃着随身带的"干粮"(面包、榨菜、鸡蛋、卤菜和啤酒)。正因为有这"约法三章",才会使邓小平在黄山遇到复旦大学新闻系四位女大学生并与他们合影,也才会遇上香港长城电影公司在黄山拍摄电影《白发魔女》外景的演职人员,导致第二天香港媒体的大量报道。15日上午,邓小平一行从后山步行下山。他向迎候在这里的当地领导说,你们这里是发展旅游的好地方,也是你们发财的地方。你们要有点雄心壮志,把各项基础设施建设好,把黄山的牌子打出去!

邓小平这次黄山游名义上是私人性质,实际上有着极为重要的背景。这个背景就是他在前一年对新加坡的出访。当时的新加坡人口只有230万,面积不到上海的十分之一,但它每年吸引的游客高达200多万,一年的旅游收入就有10亿美元之多,相当于中国当时旅游外汇收入的5倍。这对于当年外汇严重匮乏的中国领导人来说,难免有点"羡慕妒嫉恨"。这次新加坡之行让邓小平了解到,二战后的发达国家随着经济的快速发展和人民收入水平的大幅提高,旅游业已经进入一个大发展的时代,旅游产业甚至超过了传统的钢铁工业、石油工业和军火工业。特别是喷气式大型飞机的大量投入使用,使长距离的跨国旅游进入了寻常百姓家庭,发达国家由此进入"大众"旅游时代。邓小平作为老牌政治家,以他那敏锐独到的眼光,一下子就看准了旅游业,认为"旅游业大有文章可做,要突出的搞,加快的搞。"于是,他选择黄山作为中国发展旅游业的突破口,黄山也因此成为当代中国现代旅游业的滥觞之地。

应该说,邓小平当年倡导的旅游业,主要还是国际旅游,目标客源主要来自发达国家和港澳台以及海外华侨华人,在他心里盘算的还是如何为国家创汇赚取美元。可能邓小平自己也没有想到的是,此后不过20年,国内旅游业也蓬蓬勃勃地发展起来了。1979年,黄山的旅客接待量只有10万人,旅游收入刚过100万。到2000年的千禧之年,黄山旅游接待量已经达到117万人,旅游收入接近5个亿。前后不过20年,黄山就实现了从"精英旅游"到"大众旅游"的历史跨越。当然,在这一历史跨越的背后是中国20年改革开放所带来的经济快速发展与人民收入水平的大幅提升,也是中国现代化进程快速推进在旅游领域溢出的巨大效应。

三

但是,随着国内外游客的大量涌入,另一个因素开始突显出来,这就是环境的制约。当时中国的各大旅游景区都面临着交通的不便、垃圾的乱扔、餐饮的短缺、厕所的脏臭、住宿的不足等等。为了解决这些问题,黄山风景区管理部门作出了不懈的努力,比较好的率先解决了这些问题。但是,旅游环境与旅游容量之间的矛盾是长期存在的。一个旅游风景名胜区要获得可持续发展,必须要在旅游环境与旅游接待量之间寻求平衡。于是,黄山到底能够容纳多少游客的问题就被历史性地提出来了。

正当此时,安徽主管部门专门划拨世界自然与文化遗产保护专项资金,要求立项开展"黄山风景名胜区环境容量研究与对策"的课题研究。黄山有关部门尊重科学研究的规律,首先对国内学术界这方面的研究文献进行检索,发现了华东师范大学刘玲同志几年前出版的《旅游环境承载力研究》一书。这是国内第一本专门研究旅游环境承载力的专著,书中对旅游环境提出了一个比较全面的指标体系,通过这个指标体系全面收集旅游区的各项信息,就可以为一个山岳风景区的旅游承载力进行科学诊断和定量分析。于是他们前来华东师范大学邀请其具体承担这一课题的研究工作。

但在课题的前期准备过程中,我们感到以前的指标体系虽然比较完备,但都属于客观指标,如果能够增加一项主观指标就会更加完善,毕竟旅游是旅游者的一种消费行为,旅游者的主观感受才是最重要的。正是出于这种考量,吴鹏森教授才正式进入研究团体,试图运用社会学的调查方法,对黄山旅游的心理容量进行专题研究。

四

研究团体主要由我们两人及研究生组成。刘玲的研究生有厉成梅、吴汉红、张文娟、张继辉等同学。吴鹏森的研究生唐晓菁同学当时正准备去法国攻读中法联合培养的博士学位,正好行前有一段空余时间,于是我们邀请她参加了这个团队,去黄山参加野外问卷调查。

2005年8月上旬,我们一行到黄山开展实地调研,受到黄山委托方的热情接待与积极配合。我们首先对黄山风景区旅游环境容量的现状进行深入调查,尽可能全面、系统地收集黄山风景区的游览环境、生活环境、旅游用地、生态环境、交通环境等方面的历年数据,在全面掌握黄山风景区的自然环境和社会环境状况的基础上,构建了旅游环境评价的指标体系和黄山风景区的客流分布模型,探讨其时空变化的规律,进而采用统计分析方法对黄山旅游环境各单项环境承载力进行评价,然后对黄山风景区旅游环境容量进行综合测算,形成对黄山风景区旅游环境容量的最后结论。

我们都知道管理学上有一个木桶原理,一个木桶能装多少水是由其中最短的一块木板决定的。对一个山岳风景区来说,决定景区能接待多少游客的因素有很多,客观指标有土地规模、住宿接待能力、垃圾处理能力、用水条件、交通运输能力等等,要说其中哪一条是决定"木桶"的"短板",似乎并不容易。因为这些条件中,有些是绝对刚性的,如景区面积、土地规模等等,有些是通过发展与加强管理后能够加以改善的,如垃圾处理能力,住宿接待能力等等。但是,还有一个因素容易被人们所忽视,这就是游客的心理容量。因此,本课题首次对黄山旅游的心理容量进行了研究。这是一次创新性的尝试,但心理容量怎么研究并没有现成的答案,我们这次采用的是问卷调查,问卷的主要内容就是要游客回答,在浏览线路和观景平台上与其他游客之间的身体距离及其主观感受。我们在上山前设计并印制了一批问卷,还在山下批发了一批扑克牌让挑夫挑上山,然后通过调查员对在山上休息的游客进行调查,每填写一份问卷,发给一付扑克牌作为奖励。没想到效果出奇的好,因为他们拿到扑克牌立马就能玩起来。

完成了野外的数据采集与资料收集,随之而来的就是长达几个月的漫长研究,最终形成了这份研究报告。根据我们的研究,只要加强黄山旅游环境的短板建设,黄山的旅游容量最多可以接待330万人。如果加强西海大峡谷的开发、冬季旅游的开发和周边景点的开发,这一旅游容量的上限还可以有所突破。当然,如果要进一步提升游客的心理舒适度,还是要尽量注意控制好游客的上山数量。

令人感到欣慰的是,我们的研究结论经受住了时间的考验。黄山风景区经过多年的努力,在不影响旅游环境质量的前提下,游客接待量逐年上升,2012年突破了300万大关,2019年更是达到了350万。这说明本课题当年对黄山旅游容量设定的远期目标是可行的。最近两年由于疫情因素的影响,黄山旅游接待量大幅下滑。这当然不是什么好事,但也是一个实现"二次创业"与营销转型的很好契机。我们真诚地希望黄山能够抓住这个机会,进一步提高旅游环境质量,不断创新营销模式,从根本上摆脱旅游行业的"门票经济"模式,为迎接黄山旅游的更大发展创造条件,尤其在旅游发展理念上决不能单纯地追求游客接待的数量,要始终不渝地把不断提高旅游品质和游客的心理舒适度作为今后工作的重点和发展方向。

我们相信,黄山的明天一定会更好!

目　　录

第十章　调控对策与保护措施

图表索引

导　　论

一、　研究课题由来

为了适应黄山外围交通条件的改善和客流量的不断增长,加强世界自然文化遗产的保护,探讨应对客流量高速增长的对策,进行旅游结构调整,实施好新一轮《黄山风景名胜区总体规划》,提高旅游环境规划与管理的科学水平,促进黄山风景区旅游可持续发展,安徽省建设厅划拨遗产保护专项资金,立项开展"黄山风景名胜区环境容量研究与对策"课题研究。

二、　研究报告的编制依据

《中华人民共和国环境保护法》1989年12月26日;

《中华人民共和国环境影响评价法》2002年10月28日;

《中华人民共和国文物保护法》1982年11月19日;

《中华人民共和国森林法》1998年4月29日修订;

《中华人民共和国土地管理法》1998年8月29日修订;

《保护世界文化和自然遗产公约》1972年11月16日;

《保护生物多样性公约》1992年;

《中华人民共和国自然保护区条例》1994年10月9日;

《风景名胜区管理暂行条例》1985年6月7日;

《风景名胜区规划规范》1999年11月10日;

《黄山风景名胜区管理条例》1997年11月2日修订;

《安徽省旅游总体规划》2002年;

《安徽省两山一湖旅游规划》2002年;

《安徽省旅游总体规划》2002年;

《黄山市旅游发展总体规划(2005—2020)》2004年12月;

《黄山风景名胜区总体规划(2004—2025)》2005年5月

三、 研究区域与内容

1. 研究区域

黄山风景名胜区总体规划确定的空间范围,东至黄狮党、西至小岭脚、北起二龙桥、南至汤口,面积154km²(新一轮总体规划重新核算为160.6km²)。黄山风景名胜区缓冲区范围包括"五镇一场",即黄山区汤口镇、谭家桥镇、三口镇、耿城镇、焦村镇和洋湖林场。规划分区为四大类:资源核心保护区、资源低强度利用区、资源高强度利用区、社区协调区。黄山风景区划分为九个管理区(北海、玉屏、温泉、云谷、松谷、钓桥、福固、浮溪、洋湖),管理区的管理机构负责管理这一区域内的景观资源保护、旅游服务设施和组织游览活动等。同时,对应划分出九个游览区(北海、玉屏、温泉、云谷、松谷、钓桥、福固、浮溪、洋湖)。基于旅游开发程度以及游览活动的现状,本课题研究重点为黄山风景名胜区中的六个游览区,即北海、玉屏、云谷、温泉、松谷、钓桥景区。

2. 研究内容

对黄山风景区旅游环境容量的现状进行调查,从游览环境容量、生活环境容量、旅游用地容量、自然环境纳污力、社会经济容量、交通运载能力及生态环境容量等方面,按景点、景区、风景名胜区三个层次进行研究,提出可行性研究报告与对策。

四、 研究方法及原则

1. 研究方法

本课题主要采用下列研究方法,即:实证论方法、经验量测法、理论推测法、调查统计法、文献分析法、类比分析法、自我体验法、游线容量法、面积容量法、设施容量法、卡口容量法、生态容量法、瓶颈容量法等。

2. 研究原则

旅游环境容量研究应遵循以下四条原则:规划相容性原则、综合性原则、可持续发展原则、可操作性原则。

五、 研究工作程序

旅游环境容量研究工作程序见图0-1.

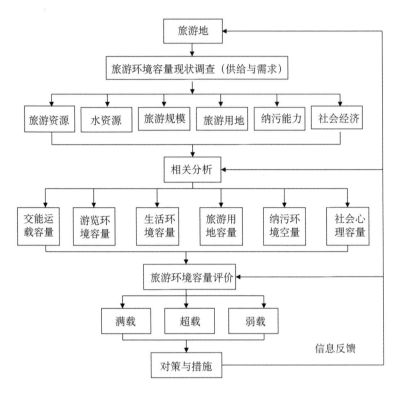

图 0-1　旅游环境容量研究工作流程

第一章　黄山风景区环境概况

第一节　自然环境概况

一、 地理位置

黄山风景名胜区位于安徽省南部,地处东经118°01′—118°17′,北纬30°01′—30°18′,面积160.6平方公里。

黄山以奇松、怪石、云海、温泉"四绝"著称于世。雄浑壮观、峭拔秀丽的奇特峰林,千姿百态、栩栩如生的奇巧怪石;再衬以独具风姿的奇松、变幻莫测的云海、可饮可浴的温泉、悬垂如练的飞瀑、奇丽多姿的花草等等,构成了黄山旅游景观的绝妙组合。

二、 地质地貌

黄山风景区的主体部分由燕山期花岗岩组成,区内地质构造属于江南古陆与南京凹陷的接触过渡带,主要构造线与山脉走向基本一致,呈东北——西南方向展布。以光明顶为界,南部为前山,北部为后山。

黄山花岗岩体断层和节理发育,前山岩石节理深长稀疏,后山岩石节理浅短密集,构成了"前山雄伟,后山秀丽"的地质地貌景观。主峰莲花峰海拔1864米,与平旷的光明顶、险峻的天都峰,雄居于风景区中心。

三、 气象气候

黄山处于亚热带季风气候区,山高谷深,气候垂直变化。由于北坡和南坡受阳光的辐射差大,局部地形对其气候起主导作用,形成特殊的山区季风小气候。年平均气温7.8℃,年平均降水2394毫米,年均云雾日256天,年均湿度70%。

四、 溪水温泉

黄山风景区地表水系发育,以光明顶为中心呈放射状分布,17条主要溪流长约3—6公里,桃花峰至剪刀峰一线为地表水系的分水岭,南侧水系流入新安江,北侧水系流入青弋江后再至长江。

风景区前山温泉水温40.85℃,水量每天约180—220吨。后山温泉水温较低(27℃),水量亦小。

五、 动植物资源

黄山动植物资源非常丰富,名花古木、珍禽异兽、种类繁多。据调查统计,有鸟类176种,两栖类21种,爬行类48种,鱼类24种,兽类54种。有原生植物1446种,森林覆盖率56%,植被82.6%。植物垂直分带明显,群落完整,生态系统稳定平衡,是我国南方天然的生物宝库和植物园。

第二节 社会环境概况

一、人口

黄山风景区常住人口 2636 人,流动人口 1767 人(截至 2005年 6 月 30 日止)。黄山风景区人口统计资料(1995—2004 年)见表 1-1。

表 1-1 黄山风景区人口统计资料(1995-2004 年)

年度	常住人口	流动人口
1995	2064	
1996	2174	
1997	2173	
1998	2330	
1999	2450	1560
2000	2521	1351
2001	2592	1926
2002	2629	1177
2003	2643	1430
2004	2644	1723

常住人口主要工作在北海、玉屏、云谷、温泉、松谷五个管理区。生活住宅区主要分布于逍遥亭职工生活区(19 幢),汤泉公寓(8 幢),寨西公寓、承启山庄(270 户)。此外,自 1999 年开始,黄山风景区正式实施人口外迁工程,目前居住在黄山市约有 500 户。其目的是为了更好地保护黄山的资源与环境,减少景区内的生活污染,解决职工子女上学,方便退休职工的养老就医等。

风景区内流动人口主要包括宾馆、饭店服务人员,建筑施工人员,环卫工人,运输工人,承包娱乐场所工作人员等。

二、 交通

黄山风景区内外交通较为便利。景区内由公路、游览步道和客运索道构成了内部交通运输体系;景区外已形成了公路、铁路、水运和航空的立体交通运输网络。这种四通八达的综合运输体系为黄山旅游业的发展奠定了良好的基础,可以方便快捷地集散境内外的游客。

三、 经济

2000年,黄山风景区全年共接待游客150万人次,实现旅游直接收入5.2亿元,旅游部门营业收入7.9亿元,旅游外汇收入4114万美元。

第三节 黄山风景区总体规划概述

一、 性质

黄山风景名胜区是世界文化与自然遗产,世界地质公园,山岳型国家重点风景名胜区,是具有世界意义的天然美景,是对就地保护生物多样性具有重大意义的自然栖息地,是黄山画派的发祥地,在中国山水画的发展历史过程中具有重要地位和作用,是资源保护、科学研究和爱国主义教育基地,是公众开展适度的观光、文化和生态旅游的场所。

二、 规划范围

黄山风景名胜区总体规划(2004—2025)确定的空间范围:东至黄狮党、西至小岭脚、北起二龙桥、南至汤口,面积160.6平方公里。

三、 规划期限

近期:2004—2010年
远期:2011—2025年

四、 游客容量

据预测,2025年黄山风景名胜区瞬时游客容量为0.99万人/次,日游客容量为1.2万人次/日,年游客容量为257.6万人次/年。

第二章　客流分布模型

第一节　客流时间分布特征

一、　客流总量增长迅速

1979年黄山风景区实行对外开放,随着黄山旅游业内外部环境的不断改善,20多年来客流总量迅速增长(表2-1,图2-1)。由1979年的104292人次增长到2004年的1601868人次,其中境内客流量由1979年的86306人次增加到2004年的1488178人次;境外客流量由1979年的17986人次增长到2004年的113690人次。黄山风景区的客流结构以国内游客为主,国际游客(外宾华侨、港澳台胞等)为辅。20多年(1979—2004年)累计接待游客总数1949.55万人次,其中境内游客1811.45万人次,占客流总量的92.92%;境外游客138.10万人次,占客流总量的7.08%。

分析表2-1图2-1,可以发现客流量年际变化有下列四个特点:

第一,客流总量年际变化曲线大致为三峰三谷型,总体呈上升

图2-1　黄山风景区客流量统计曲线(1979—2004年)

表2-1　黄山风景区客流量统计（1979—2004年）　　　单位：人次

年度	客流总量	增减率（%）	境内客流量	增减率（%）	境外客家流量	增减率（%）	备注
1979	104292		86306		17986		
1980	152849	46.56	120160	39.23	32689	81.75	
1981	219447	43.57	179824	49.65	39623	21.21	
1982	247015	12.56	208264	15.82	38751	−2.2	
1983	285536	15.59	231860	11.33	53676	38.52	
1984	369193	29.3	308508	33.06	60685	13.06	
1985	459964	24.59	402992	30.63	56972	−6.12	
1986	591978	28.7	530969	31.76	61009	7.09	
1987	656043	10.82	603205	13.6	52838	−13.39	
1988	504454	−23.11	476174	−21.06	28280	−46.48	黄山"旱灾"严重
1989	526690	4.41	509507	7	17183	−39.24	

年度	客流总量	增减率（%）	境内客流量	增减率（%）	境外客家流量	增减率（%）	备注
1990	669770	27.17	627509	23.16	42261	145.95	
1991	762614	13.86	710127	13.17	52487	24.2	
1992	906372	18.85	825346	16.23	81026	54.37	
1993	813078	−10.29	742982	−9.98	70096	−13.49	
1994	783778	−3.6	748315	0.72	35463	−49.41	"千岛湖事件"
1995	831058	6.03	789496	5.5	41562	17.2	
1996	847267	1.95	791693	0.28	55574	33.71	
1997	1078382	27.28	988051	24.8	90331	62.54	
1998	982741	−8.87	956650	−3.18	26091	−71.12	"亚洲金融风暴""全国特大洪涝"
1999	1190855	21.18	1155371	20.77	35484	36	
2000	1172871	−1.51	1099386	−4.85	73485	107.09	
2001	1344194	14.61	1270856	15.6	73338	−0.2	
2002	1354834	0.79	1262459	−0.66	92375	25.96	
2003	1038352	−23.36	1000303	−20.77	38049	−58.81	"非典"
2004	1601868	54.27	1488178	48.77	113690	198.8	
总计	19495495		18114491		1381004		

态势。1997年客流总量突破百万人次大关,达到年接待能力1078382人次。2004年客流总量超过160万人次,因此,2004年是黄山风景区迄今为止接待游客最多的一年。

第二,境内客流量年际波动明显,基本上与客流总量呈同步消长关系。如1988年客流总量比1997年减少23.11%,境内客流量也下降了21.06%。1997年客流总量增长率为27.28%,境内客流量也增加了24.8%。2003年客流总量减少了23.36%,境内客流量也下降了20.77%。

第三,境外客流量年际变化更为突出,增减率变化幅度很大。如1990年增长率为145.95%,1998年增长率为-71.12%。

第四,近20多年,客流量最大值为最小值的10余倍。客流总量2004年(1601868人次)为1979年(104292人次)的15.36倍,境内客流量2004年(1488178人次)是1979年(86306人次)的17.24倍,境外客流量2004年(113690人次)为1979年(17986人次)的6.32倍。

客流量年际变化受政治、经济、自然、社会等多种因素的影响,经常会出现不稳定的状态。1988年黄山"旱灾"严重,导致当年客流总量(-23.11%)、境内客流量(-21.06%)与境外客流量(-46.48%)出现同步负增长。1989年与1994年"千岛湖事件"对境外客流量影响颇大。1989年和1994年,在境内客流量均由负增长转变为正增长(-21.06%➤7%;-9.98%➤0.72%)的情况下,境外客流量持续出现负增长(-46.48%➤-39.24%;-13.49%➤-49.41%),与境内客流量变化不同步。1998年受"亚洲金融风暴"与"全国特大洪涝灾害"的双重影响,客流总量下降幅度较大,当年减少游客95641人次,增长率由1997年的27.28%转变为-8.87%。2003年受"非典"影响,客流总量降幅达到最大值,为-23.36%。超过1988年的增减率(-23.11%)。同时,境内客流量(-20.77%)与境外客流量(-58.81%)也出现较大幅度下降。

二、淡旺季客流量差异显著

黄山风景区1987—2001年逐月客流量统计资料列于表2-2、图2-2—图2-3。

表2-2　　黄山风景区客流量月分布(1987—2001年)　　单位:人次

年	一月	二月	三月	四月	五月	六月	七月	八月	九月	十月	十一月	十二月
1987	1947	3895	11685	67788	103655	68006	88134	101766	72068	71412	45330	20357
1988	2128	4257	11132	68062	105293	51614	66912	62797	46748	57587	22567	5347
1989	2003	4005	12016	61224	99336	38759	61674	88037	55364	64637	33724	5861
1990	2068	4136	12408	76203	116405	57416	91664	108918	55427	103847	31706	9572
1991	2614	5228	15683	102870	157076	83384	47039	76542	77616	100157	40278	13123
1992	3642	7537	19786	97616	159676	88444	135428	123513	99994	110549	48338	11849
1993	1726	5006	21170	93713	136289	86488	101472	101391	79959	80791	23726	5338
1994	3100	6032	21583	95642	140504	66040	95489	104605	86718	120756	35683	7235
1995	1804	8412	31606	105566	127277	76287	103724	117064	90369	114865	41459	10865
1996	7353	3645	17599	87150	158087	88071	70831	112246	116193	116616	44676	12575
1997	5023	14683	36050	115794	197033	98107	143426	151539	108086	154505	42584	9629
1998	12239	12500	29825	97939	162968	77836	141017	134452	84218	156744	55413	15674
1999	11992	31828	32501	114616	198017	82487	154342	179581	98238	214044	50007	21477
2000	9721	25229	40439	131410	230754	90509	160097	163353	108449	138782	49834	23325
2001	23066	15733	63250	141634	230600	106220	175023	187224	127645	183383	67810	22593
平均	6028	10141	25115	97148	154864	77311	109084	120868	87139	119245	42209	12988
%	0.7	1.18	2.91	11.27	17.96	8.97	12.65	14.02	10.11	13.83	4.9	1.51

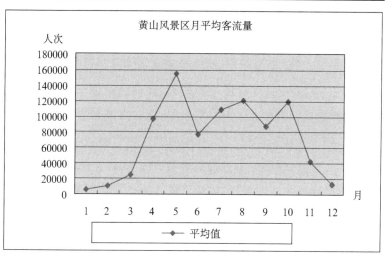

图2-2　黄山风景区客流月分布折线图(1987—2001年平均)

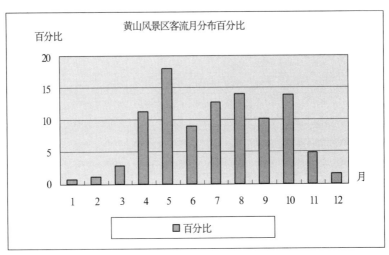

图2-3　黄山风景区客流月分布百分比柱形图(1987–2001年平均)

分析这些图表,可以发现黄山风景区客流月分布具有下列特点:

第一,黄山风景区逐月客流量变化曲线总体上近似于正态分布。1987—2001年平均客流月分布百分比统计表明,4—10月(7个月)客流量占全年客流总量的88.81%,1—3月和11—12月(5个月)客流量占总客流量的11.19%。因此,4—10月为旅游旺季,1—3月和11—12月为旅游淡季,淡旺季客流量差异显著。

第二,旅游旺季客流量也有波动,在曲线峰部形成较复杂的三峰两谷形态。其中5月为旅游最旺月(客流最高峰),7—8月为旅游次旺月(客流次高峰),10月构成客流第三峰。6月为旺季中的第一谷(客流最低谷),9月则形成第二谷(客流次低谷)。

第三,尽管1987—2001年每年逐月客流量都有变化,但总体变化规律却是一致的。即淡旺季客流量存在着差异,旅游旺季客流量有所波动(三峰两谷形态基本未变)。

第四,1998年开始,淡季客流量有明显上升的趋势。1998—

2001年4年平均,1—3月和11—12月(5个月)客流量所占的比例均有所提高,淡季客流量占全年客流总量的13.04%,比1987—1997年11年平均,淡季客流分布百分比高2.97%(表2-3)。相应地旺季客流分布百分比由89.93%,下降至86.96%。这表明淡旺季客流量之间的差异正在逐渐缩小,冬游市场已经全面升温。

表2-3　黄山风景区淡季客流量百分比(单位:%)

年	一月	二月	三月	十一月	十二月
1987	0.30	0.59	1.78	6.91	3.10
1988	0.42	0.84	2.21	4.47	1.06
1989	0.38	0.76	2.28	6.40	1.11
1990	0.31	0.62	1.85	4.73	1.43
1991	0.36	0.72	2.17	5.58	1.82
1992	0.40	0.83	2.18	5.33	1.31
1993	0.23	0.68	2.87	3.22	0.72
1994	0.40	0.77	2.76	4.55	0.92
1995	0.22	1.01	3.81	5.00	1.31
1996	0.88	0.44	2.11	5.35	1.51
1997	0.47	1.36	3.35	3.96	0.89
平均	0.39	0.78	2.48	5.04	1.38
1998	1.25	1.27	3.04	5.65	1.60
1999	1.01	2.68	2.73	4.21	1.81
2000	0.83	2.15	3.45	4.25	1.99
2001	1.72	1.17	4.71	5.04	1.68
平均	1.20	1.81	3.48	4.78	1.77

　　黄山风景区客流月分布的变化主要受气候、闲暇时间、消费观念等因素的影响。

　　● 天气的影响。6月恰逢皖南山区的梅雨季节,人们外出旅游多有不便,因此形成旺季中的低谷。

　　● 闲暇时间的逐渐增多,物质生活的不断改善,正在刺激着旅游消费的快速增长。7—8月正值暑假,学校师生参与旅游,因此形成旺季中的第二峰。自1995年5月1日起,我国实行双休日制,即每周工作5天,休息两天。自1999年10月1日起,我国实行"五·一"国际劳动节、"十·一"国庆节与春节均休假3天。因此,将公休假与双休日调在一起可以休息7天,就构成了春节、"五·一"国际劳动节、"十·一"国庆节3个旅游"黄金周"。

● 旅游景区力推"冬游",春节旅游火爆异常。中国人以往传统的"猫冬"、"留在家中过年"的习惯正在旅游热潮的席卷下逐渐改变,"春节不在家"成为一种时尚,许多人利用春节期间(7—10天假期)外出旅游。如果说暑假主要是学校师生的出游高峰,那么,拥有元旦、春节良好假期的冬游市场,则涵盖了更广泛的旅游群体。

1994年黄山开始力推冬游,采取了一系列的促销措施。如冬季门票、索道、住宿等价格全面下调,增加防寒服、防滑鞋等,以吸引更多的游客来领略黄山冬日银装素裹的神韵。近十几年来,黄山冬游在全国享有广泛的知名度,冬游人数逐年增加。

1999年春节期间(农历十二月二十五至正月初五),黄山风景区11天的客流量达21271人次,接近1994年3月(一个月)的客流量(21583人次),超过1997年1—2月(两个月)的客流量(19706人次)。冬游市场逐渐升温,旅游的淡旺季差异正在缩小。

2003—2005年"春节黄金周",3年平均一周内接待游客26120人次,超过1987—2001年三月平均值25115人次。

三、 旅游高峰日客流量骤增

黄山风景区客流日分布极不均衡。无论是胜夏酷暑,还是冰天雪地,一年四季中每天都有游客前来观光游览。因此,形成了天天有游客,峰谷极悬殊的极不平衡状态。据客流分布统计资料分析,最少16人次(1994.2.1),最多30695人次(1999.10.3)。旅游高峰日客流量为旺季日平均客流量(2001年为5381人次)的5.70倍。

近十几年,黄山力推冬游成效显著。尤其是"春节黄金周"客流量上升幅度很大,2005年农历正月初四日客流量达到6892人次,超过1987—2001年旺季日平均最高值5381人次(2001年)。而且近三年,初三至初五连续3天客流量超过4400人次,比1987—2001年历年淡季日平均(638人次)多3762人次,比年日平均(2361人次)多2039人次,比旺季日平均(3577人次)多823人次(详见表2-4、图2-4)。

表2-4　黄山风景区"春节黄金周"客流量统计(2003—2005年)

时间	初一	初二	初三	初四	初五	初六	初七	合计
2003年	687	2721	5724	6228	4967	3353	1829	25509
2004年	752	3263	6545	6558	4485	2927	1773	26303
2005年	1057	2476	6134	6892	5285	3477	1227	26548

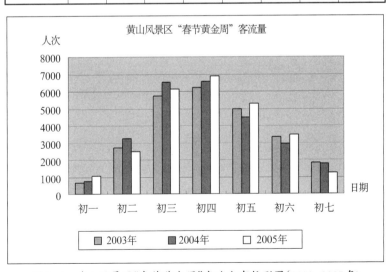

图2-4　黄山风景区"春节黄金周"客流分布柱形图(2003-2005年)

黄山风景区"五一黄金周"接待游客最多113185人次(2001年),接待游客最少2213人次(2003年"非典"影响),4年平均接待游客74703人次(表2-5、图2-5)。2001年"五一黄金周"接待游客超过了1996年8月接待客流量(112246人次)。

表2-5　黄山风景区"五一黄金周"客流量统计(2001—2004年)

时间	5.1	5.2	5.3	5.4	5.5	5.6	5.7	合计
2001年	11768	27855	30176	21513	13747	5697	2429	113185
2002年	6784	23877	23700	20028	12496	5671	2215	94771
2003年	240	862	475	246	142	205	43	2213
2004年	5709	21849	18201	16984	15141	7567	3193	88644

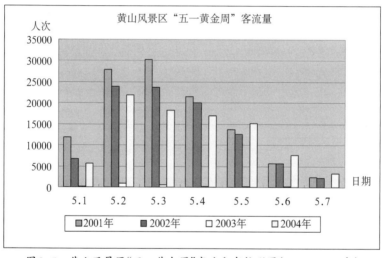

图2-5　黄山风景区"五一黄金周"客流分布柱形图(2001—2004年)

黄山风景区"十一黄金周"客流量最多94375人次(2004年),最少为53584人次(2000年),5年平均客流量为77681人次(表2-6、图2-6)。

上列一组图表(表2-4—表2-6、图2-4—图2-6)真实地反映了黄山风景区"淡季不淡、旺季更旺、黄金周客流骤增"的现状。而"旅游黄金周"客流"人如潮涌"的景象,由2004年"五一黄金周"游客进山人数时报表(表2-7)可见一斑。

表2-6　黄山风景区"十一黄金周"客流量统计(2000—2004年)

时间	10.1	10.2	10.3	10.4	10.5	10.6	10.7	合计
2000年	5020	11401	11494	11365	7849	4289	2166	53584
2001年	4991	13168	19292	16606	11704	5096	1816	72673
2002年	7427	19682	20396	17136	11168	5083	2678	83570
2003年	6917	23029	19515	16533	11981	4458	1773	84206
2004年	6537	20642	22354	19033	15108	7421	3280	94375

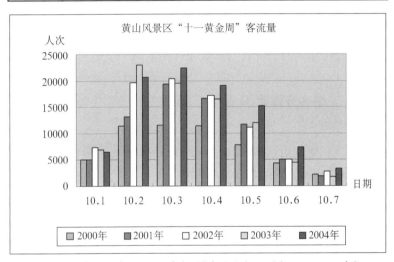

图2-6　黄山风景区"十一黄金周"客流分柱形图(2000—2004年)

表2-7　"五一黄金周"游客进山人数时报表(2004年)

日期 时间	5月1日	5月2日	5月3日	5月4日	5月5日	5月6日	5月7日
7:00					5490		
8:00	2199	11000	9690	8070	8200	3850	1400
9:00	2793	13000	11110	9570	10050	4500	1818
10:00	3507	15100	12885	11000	11300	5200	2218
11:00	4030	16600	14400	12500	12750	6000	2550

日期 时间	5月1日	5月2日	5月3日	5月4日	5月5日	5月6日	5月7日
12:00	4407	17800	14640	14100	13430	6150	2660
13:00	4919	18800	15950	14600	13680	6250	2690
14:00	4969	19100	16450	15200	13900	6320	2750
15:00	4989	20100	17150	15800	14000	6800	3010
16:00	5709	21849	18201	16984	15141	7567	3193

第二节　客流空间分布特征

一、 游客分四路(从四个门)进山

　　近几年来黄山风景区游览的游客,分别从云谷寺(东路)、慈光阁(南路)、松谷庵(北路)、钓桥庵(西路)四个门,采用两种方式(步行、缆车)上山。1993—2005年黄山风景区分四个方向进山的客流量及其百分比列于表2-8、图2-7—图2-8。

表2-8　黄山风景区四个方向上山客流量及百分比(1993—2005年)

年	云谷寺(东路)		慈光阁(南路)		松谷庵(北路)		钓桥庵 (西路)		合　　计	
	人次	%	人次	%	人次	%	人次	%	人次	%
1993	612144	83.05	124925	16.95					737069	100
1994	648007	82.72	135380	17.28					783387	100
1995	692377	83.48	136769	16.49	252	0.03			829398	100
1996	661170	79.18	173231	20.75	641	0.08			835042	100
1997	808330	74.91	268129	24.85	2611	0.24			1079070	100
1998	585922	59.74	319280	32.55	75623	7.71			980825	100

续表

年	云谷寺（东路）		慈光阁（南路）		松谷庵（北路）		钓桥庵（西路）		合	计
1999	691638	58.16	382007	32.12	115485	9.71			1189130	100
2000	661474	56.44	383418	32.72	126940	10.83	70	0.01	1171902	100
2001	763553	56.80	449756	33.46	130799	9.73	73	0.01	1344181	100
2002	738060	54.48	482381	35.60	134337	9.92	56	0.01	1354834	100
2003	518540	49.94	432653	41.67	87092	8.39	67	0.01	1038352	100
2004	777474	48.54	689336	43.03	134956	8.42	101	0.01	1601867	100
2005	798825	46.72	729618	42.68	181046	10.59	169	0.01	1709658	100
总计	8957514	64.18	4706883	30.02	989782	5.82	536	0.01	14654715	100

注：1993—1994年松谷庵缺月报统计资料

1993—1999年钓桥庵缺月报统计资料

2000—2005年钓桥庵(西大门)进山人数报松谷庵(北大门)汇总

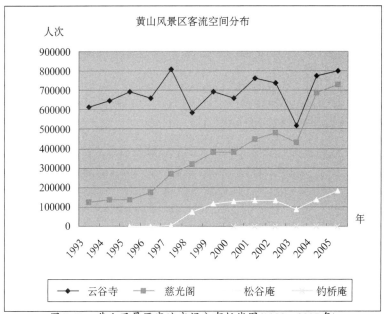

图2-7 黄山风景区客流空间分布折线图(1993—2005年)

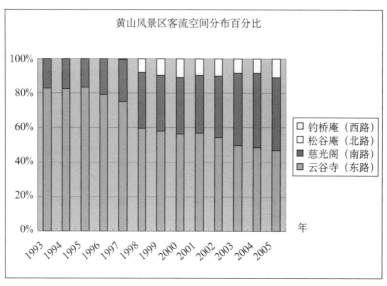

图2-8　黄山风景区客流分布百分比柱形图(1993—2005年)

　　分析表2-8和图2-7—图2-8,可以发现四个方向客流量的年际变化特点:

　　第一,云谷寺方向客流量高低相间,呈波浪起伏形态,主要在60—80万人次之间徘徊。慈光阁方向客流量总体呈上升趋势,1993—1996年缓慢增长(从124925—173231人次);1997年增幅较大(达到268129人次);1998年—2000年增长迅速(从319280—383418人次);2001—2005年突飞猛进(从449756—729618人次)。松谷庵方向客流量呈增长态势,1995—1996年只有数百人次,1997年增至2611人次,1998年上升至75623人次,1999—2005年增长到十几万人次(从115485—181046人次)。钓桥庵方向客流量很小,2000—2003年只有几十人次,2004年为101人次,2005年增至169人次。

　　第二,四个方向客流分布百分比的变化规律为:东路逐渐下降,从83.05%降到46.72%。南路迅速上升,从16.95%增至42.68%。北路快速增长,从0.03%增长到10.59%。西路仅占0.01%。1993—2005年13年平均百分比表明,东路客流为主

(64.18%),南路客流为辅(30.02%),北路客流较少(5.82%),西路客流稀少(0.01%)。但是,从近3年(2003—2005年)平均百分比分析,东路客流为48.40%,南路客流为42.46%,北路客流占9.13%,西路客流为0.01%。即从历史的角度分析,从云谷寺方向进山的游客为主,从慈光阁方向进山的游客为辅,从松谷庵方向进山的游客很少,从钓桥庵方向进山的游客稀少。从现实的角度分析,东路客流与南路客流接近,两者平分秋色,两路合计约占90%。北路客流约占10%,西路客流仅占0.01%。

二、 入境游客以东路为主

1993—1996年,黄山风景区三个方向(云谷寺、慈光阁、松谷庵)境内外游客的流量及百分比列于表2-9—表2-10。

表2-9 黄山风景区境内外游客空间分布(1993—1996年)

年	云 谷 寺		慈 光 阁		松 谷 庵		合 计		总 计
	国内	入境	国内	入境	国内	入境	国内	入境	
1993	601974	69020	122954	757			724928	69777	794705
1994	612947	34961	134898	482			747845	35443	783288
1995	651589	40788	135990	779	664	0	788243	41567	829810
1996	586175	48256	166346	4977	719	0	753240	53233	806473
总计	2452685	193025	560188	6995	1383	0	3014256	200020	3214276

表2-10 黄山风景区境内外游客空间分布百分比(1993—1996年)

年	云 谷 寺		慈 光 阁		松 谷 庵		合 计	
	国内	入境	国内	入境	国内	入境	国内	入境
1993	75.75	8.68	15.47	0.1			91.22	8.78
1994	78.25	4.46	17.22	0.06			95.48	4.52
1995	78.52	4.92	16.39	0.09	0.08	0	94.99	5.01
1996	72.68	5.98	20.63	0.62	0.09	0	93.4	6.6
平均	76.31	6.01	17.43	0.21	0.04	0	93.78	6.22

分析表2-9—表2-10,可以看出黄山风景区以国内游客为主,入境游客(外宾华侨、港澳台胞等)仅占客流总量的6.22%(1993—1996四年平均)。国际游客中的绝大多数从云谷寺方向上山(96.62%),只有极少数入境游客从慈光阁方向上山(3.38%)。但是,自1996年"三索"开通以来,南路入境游客迅速增加。由1995年的0.09%增至1996年的0.62%。

三、 步行者少，乘缆车者众

黄山风景区东路有云谷索道、南路有玉屏索道、北路有太平索道。从东、南、北三个方向上山的游客均可选择步行与缆车两种方式。从表2-11—表2-12中,可以看出步行者少,乘缆车者众。

表2-11　黄山风景区三条客运索道实际承载量(2001—2004年)

年	云谷索道(一索)		太平索道(二索)		玉屏索道(三索)		合　计		客流总量	索道总运量
	上行	下行	上行	下行	上行	下行	上行	下行		
2001	482479	351035	146206	52716	418609	486490	1047294	890241	1344194	1937535
2002	461991	367323	150569	56101	447055	488777	1059615	912201	1354834	1971816
2003	387067	301508	99508	22506	395816	409602	882391	733616	1038352	1616007
2004	535430	455910	150314	42119	680457	579907	1366201	1077936	1601868	2444137
合计	1866967	1475776	546597	173442	1941937	1964776	4355501	3613994	5339248	7969495

表2-12　黄山风景区三条索道实际运量百分比(2001—2004年)

年	云谷索道(一索)		太平索道(二索)		玉屏索道(三索)		合　计		总计%
	上行	下行	上行	下行	上行	下行	上行	下行	
2001	46.07	39.43	13.96	5.92	39.97	54.65	77.91	66.23	144.14
2002	43.60	40.27	14.21	6.15	42.19	53.58	78.21	67.33	145.54
2003	43.87	41.10	11.28	3.07	44.86	55.83	84.98	70.65	155.63
2004	39.19	42.29	11.00	3.91	49.81	53.80	85.29	67.29	152.58
平均	42.86	40.84	12.55	4.80	44.59	54.37	81.58	67.69	149.27

表2-11—2-12反映出三条客运索道实际承载的游客占客流总量的比重呈波动上升趋势。索道上行从2001年的77.91%提高到84.98%(2003年),至2004年的82.39%。索道下行由2001年的66.23%增至2003年的70.65%,至2004年的65.93%。2001—2004年四年平均,乘缆车上山的游客为80.59%,乘缆车下山的游客占67.37%。2003年为三条索道实际运量百分比最高的一年,上行为84.98%,下行占70.65%,总计155.63%。即大多数游客选择缆车上山或下山,其中有不少游客乘索道上下山(上行和下行均乘缆车)。

第三节 客流分布模型的变化

历史上的黄山,在外部交通环境均为不便的情况下,曾有过四门(东大门苦竹溪、南大门汤口、西大门钓桥庵、北大门松谷庵)并开的客流分布格局。

近代以来,随着内外部交通环境的改善,特别是205国道、景区公路和索道的陆续兴建使黄山风景区游客的流向和流量不断地发生着变化。

为了研究黄山风景区不同时期、不同方向客流量的分布规律以及客流分布模型的变化特点,这里专门选取了四个有代表性的时间断面(1985年未建索道;1995年有一条索道;1997年有两条索道;2004年有三条索道),三个方向(东、南、北),两种方式(步行、索道)来进行研究。

一、 未建索道时的客流分布模型 (1985年)

在黄山风景区未建索道的1985年,游客全靠步行登山游览。

此时流向以温泉—慈光阁—玉屏楼—天海—西海—北海—云谷寺—温泉为主,即南路进山游客占客流总量的60.91%,东路进山游客为39.09%。未建索道时(1985年)客流空间分布模型的统计图表列于表2-13、图2-9。

表2-13　黄山风景区客流空间分布统计表(1985年)

上　山　游　客			下　山　游　客		
上山方向、方式	人次	(%)	下山方向、方式	人次	(%)
云谷寺步行	17708	39.09	云谷寺步行	248096	54.76
东路进山小计	17708	39.09	东路出山小计	248096	54.76
慈光阁步行	27597	60.91	慈光阁步行	204964	45.24
南路进山小计	27597	60.91	南路出山小计	204964	45.24
两路步行合计	45306	100.00	两路步行合计	453060	100.00

注:松谷庵缺统计资料。

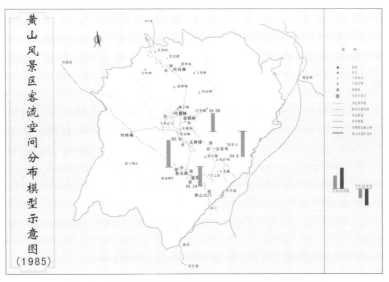

图2-9　黄山风景区客流空间分布模型示意图(1985)

二、"一索"运营后的客流分布模型(1995年)

自1986年7月1日黄山风景区第一条客运索道(云谷索道)开通后,游客的流向就发生了转变,即以温泉—云谷寺—北海—西海—天海—玉屏楼—慈光阁—温泉为主。其中乘坐缆车上山的游客占客流总量的比例逐年增加,如1987年为44.3%,1988年占51.7%,1989年为58.7%。由于乘坐索道上山省时省力,又可领略乘缆车穿云破雾,观赏东海奇景和天都、莲花诸峰之情趣。因此,东路进山游客的比例在逐年上升。如1988年为62.88%,1990年为71.70%,1994年为82.72%。与其相反,南路进山游客的比例在逐年下降,由1984年的58.88%降至1995年的16.48%。北路进山游客仅占客流总量的0.08%。黄山风景区有一条客运索道时的客流空间分布模型(1995年)统计图表列于表2-14、图2-10。

表2-14 黄山风景区客流空间分布统计表(1995年)

上 山 游 客			下 山 游 客		
上山方向、方式	人次	(%)	下山方向、方式	人次	(%)
云谷寺站上行	510895	61.57	白鹅岭站下行	296131	35.69
云谷寺步行	181482	21.87	云谷寺步行	181675	21.89
东路进山小计	692377	83.44	东路出山小计	477804	57.58
慈光阁步行	136769	16.48	慈光阁步行	351673	42.38
南路进山小计	136769	16.48	南路出山小计	351673	42.38
松谷庵步行	644	0.08	松谷庵步行	331	0.04
北路进山小计	644	0.08	北路出山小计	331	0.04
三路进山合计	829810	100.00	三路出山合计	829810	100.00
一条索道合计	510895	61.57	一条索道合计	296131	35.69
三路步行合计	318895	38.43	三路步行合计	533679	64.31

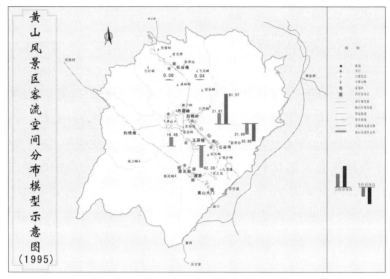

图2-10 黄山风景区客流空间分布模型示意图(1995)

三、"三索"运营后的客流分布模型(1997年)

1996年9月30日黄山风景区第二条客运索道(玉屏索道)投入运营后,又使三个方向的客流量发生了变化。南路进山游客迅速增加,由1995年的136769人次上升到1997年的388224人次。南路增长的客流量(251455人次)超过1997年增长的客流总量(比1995年增加248572人次)。东路进山客流量不仅没有增加,反而减少了4923人次。北路上山游客增加了2060人次。(这可能与"二索"1997年底运营有关)

因此,1995年与1997年相比,南路进山游客占客流总量的比例由16.48%提高到36.00%,东路从83.44%下降至63.75%,北路由0.08%上升到0.25%。黄山风景区有两条客运索道时的客流空间分布模型(1997年)统计图表列于表2-15 、图2-11 。

表2-15 黄山风景区客流空间分布统计表(1997年)

上　　山　　游　　客			下　　山　　游　　客		
上山方向、方式	人次	(%)	下山方向、方式	人次	(%)
云谷寺站上行	463266	42.96	白鹅岭站下行	416322	38.61
云谷寺步行	224188	20.79	云谷寺步行	94507	8.76
东路进山小计	687454	63.75	东路出山小计	510829	47.37
慈光阁站上行	304145	28.20	玉屏站下行	390994	36.26
慈光阁步行	84079	7.80	慈光阁步行	176019	16.32
南路进山小计	388224	36.00	南路出山小计	567013	52.58
松谷庵步行	2704	0.25	松谷庵步行	539	0.05
北路进山小计	2704	0.25	北路出山小计	539	0.05
三路进山合计	1078382	100.00	三路出山合计	1078382	100.00
两条索道合计	310971	71.16	两条索道合计	807316	74.87
三路步行合计	308267	28.59	三路步行合计	270526	25.08

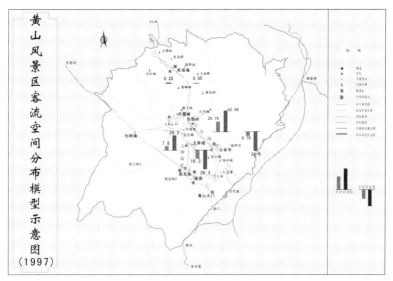

图2-11 黄山风景区客流空间分布模型示意图(1997)

四、"二索"运营后的客流分布模型(2004 年)

1997 年 12 月 26 日黄山风景区第三条客运索道(太平索道)开通后,再一次使游客流向发生较大转变,形成回环式(温泉—云谷—北海—玉屏—温泉,或温泉—玉屏—北海—云谷—温泉)为主,通过式(松谷—北海—玉屏—温泉,或温泉—玉屏—北海—松谷,或温泉—云谷—北海—松谷)为辅的客流分布形式。太平索道的运营,减轻了南大门汤口镇旅游接待服务中心的压力,充分发挥了北大门接待服务中心(甘棠镇)的作用,促进了南北对流格局的形成。北路进山游客由 1997 年的 2704 人次快速增加到 2004 年的134956 人次,其中绝大多数乘缆车上山(99.30%),只有极少数游客步行登山(0.70%)。与此同时,乘太平索道下山的游客已达42119 人次。可以预料,从北路进出的客流量还会逐年上升。

2004 年与 1997 年相比,北路进山客流量占总客流量的比例从0.24% 猛增至 8.42%;东路进山客流量所占比例迅速减少,由74.91% 下降为 48.54%;南路进山客流量所占比例快速上升,从24.85% 增至 43.03%。黄山风景区有三条客运索道时的客流空间分布模型(2004 年)统计图表列于表 2-16、图 2-12。

表 2-16 黄山风景区客流空间分布统计表(2004 年)

上 山 游 客			下 山 游 客		
上山方向、方式	人次	(%)	下山方向、方式	人次	(%)
云谷寺站上行	535430	33.43	白鹅岭站下行	455910	28.46
云谷寺步行	242044	15.11	云谷寺步行	170759	10.66
东路进山小计	777474	48.54	东路出山小计	626669	39.12
慈光阁站上行	680457	42.48	玉屏站下行	579907	36.2
慈光阁步行	8879	0.55	慈光阁步行	352532	22.01
南路进山小计	689336	43.03	南路出山小计	932439	58.21

上　　山　　游　　客			下　　山　　游　　客		
上山方向、方式	人次	（%）	下山方向、方式	人次	（%）
松谷庵站上行	134011	8.37	丹霞站下行	42119	2.63
松谷庵步行	945	0.06	松谷庵步行	480	0.03
北路进山小计	134956	8.42	北路出山小计	42599	2.66
钓桥庵步行	101	0.01	钓桥庵步行	160	0.01
西路进山小计	101	0.01	西路出山小计	160	0.01
四路步行合计	251969	15.73	四路步行合计	523931	32.71
三条索道合计	1349898	84.27	三条索道合计	1077936	67.29
四路进山合计	1601867	100	四路出山合计	1601867	100

　　注：① 四路上山游客人次来源于云谷寺、慈光阁、松谷庵、钓桥庵实际发售门票数。

　　② 三条索道上下行人次分别来源于索道各站实际发售索道票数。

　　③ 四路步行下山人次采用实际调查与推算相结合方法确定。

　　④ 钓桥庵门票数报松谷庵北大门汇总。

　　⑤ 松谷庵站上行人次依据乘索道观光人次作了相应的调整。

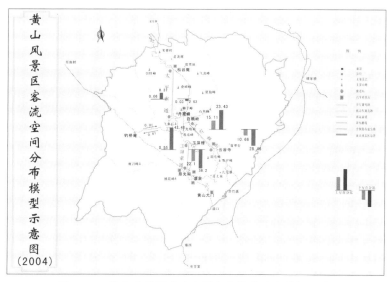

图 2-12　黄山风景区客流空间分布模型示意图（2004）

五、 客流分布模型的变化特点

1. 由于内外部交通环境的不断改善等多种原因,黄山风景区客流分布模型的变化主要表现在三个方面。第一,游客流向的变化。如 1985 年南路上山为主(60.91%),"一索"开通后,转变为东路上山为主(1995 年 83.44%)。第二,游客流量的变化。"三索"运营后,南路迅速增温,客流量由 1995 年的 13.68 万人次增长到 1997 年的 38.82 万人次。与此同时,东路不增反降,由 1995 年的 69.24 万人次降至 1997 年的 68.75 万人次。在 1997 年客流总量增长 24.86 万人次的前提下,东路却减少了 4973 人次。第三,游览路线形式的变化。上述两点均是在回环式范围内的变化,"二索"开通后,促使游览路线的形式发生重大变化,形成回环式与通过式并存的客流分布格局。如 2005 年,东路进山 79.88 万人次,占 46.72%;南路进山 72.96 万人次,占 42.68%;北路进山 18.10 万人次,占 10.59%;西路进山 169 人次,约占 0.01%。

2. 不同方向客流量的变化,导致不同景区实际游览负荷的增减,使游览环境承载率(景区实际负荷与理想负荷之比)发生变化。形成有的景区超载,有的景区弱载等等。

3. 客流分布模型是一个动态模型。可以预料,随着西大门交通条件的逐步改善,西路游览服务设施(如游憩点、公共厕所等)的配套建设,从钓桥庵进山的游客可能会逐渐增加。同时,太平索道的实际承载量会逐年上升,从北大门上下山的游客将逐年增加,北路客流量占客流总量的比例会相应提高。而东路客流比重将继续下降,南路客流比重可能会有所波动。

第四节　黄山风景区门票及路段统计分析

一、课题来源及意义

黄山风景区客流时空分布规律的归纳与总结,是黄山风景区环境容量研究的重要内容之一。了解游客从某个方向(东、南、西、北)进山,采用何种方式(步行、索道)游览,某个景区、某一路段客流量集中分布的时段等客流分布现状,将为黄山风景区旅游环境容量规模的合理确定,旅游环境容量调控对策的有效选择提供参考。为风景区有效保护资源与环境,提高科学管理水平,实施旅游可持续发展战略提供依据。

二、调查方法及质量评估

黄山风景区管理委员会于2003年12月至2004年3月组织了一次客流时空分布的实地调查,这是黄山风景区迄今为止历时最长、规模最大的一次客流量实测统计工作。

调查方法:卡口法

调查内容:门票统计分为云谷票房、云谷步道口、慈光阁票房、慈光阁步道口、松谷票房、松谷步道口。共计三个大门(东、南、北)。路段统计分为白鹅岭—七〇一、黑虎松—始信峰、黑虎松—北海、北海—光明顶、西海—排云亭、西海—飞来石、光明顶—天海、海心亭—鳌鱼峰、莲花亭—莲花峰、玉屏楼—玉屏索道站。共计十个路段。

具体调查时间:门票统计2003—12—22 至 2003—12—31;2004—1—1 至 2004—1—11;2004—2—16 至 2004—2—22;

2004－3－16至2004－3－22计35天。路段统计2003－12－22至2003－12－31；2004－1－1 至 2004－1－10；2004－2－16 至2004－2－22；2004－3－16至2004－3－22计34天。

统计时间:6:00—17:00每隔半小时统计一次。

实行专人负责制,每个填表人对所填内容负责,每张表上均由1—2个人签名。以此来保证客流量实测统计工作的质量。

三、数据处理

采用Excel工作表,分别对三个大门的票房和步道口实测统计资料进行汇总,计算35天时分布平均值。对十个路段的实测统计资料,分别计算34天时分布平均值。并相应地编制客流量分布柱形图与折线图,为进一步分析客流量的时空分布规律奠定基础。

四、统计分析

(一) 门票统计分析

1 云谷票房与步道口

云谷票房与云谷步道口客流时分布统计数据列于表2-17,对应的客流量时分布柱形图和折线图详见图2-13—图2-16。

根据表2-17、图2-13—图2-16分析,从黄山东大门进山游览的客流分布具有三个特点。第一,从上午6点至下午5点,进山游客人数随统计时段而变化,呈现出波动性。第二,云谷票房与云谷步道口进园人数统计规律基本一致,均为两峰一谷型。云谷步道口出园人数表现为三峰两谷型。第三,进山游客集中分布时段为上午8

表2-17 云谷票房与步道口客流时分布

统计时段	云谷票房		云谷步道口	
	进园人数	出园人数	进园人数	出园人数
6:00－7:00	655	0	72	1
7:00－8:00	4137	0	1012	22
8:00－9:00	5227	0	1845	130
9:00－10:00	3518	0	671	315
10:00－11:00	2548	0	498	568
11:00－12:00	1542	0	266	387
12:00－13:00	825	0	73	497
13:00－14:00	1223	0	121	318
14:00－15:00	1101	0	202	398
15:00－16:00	497	0	64	742
16:00－17:00	104	0	29	142
合　　计	21377	0	4853	3520

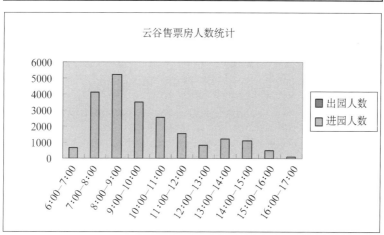

图2-13 云谷票房客流时分布柱形图

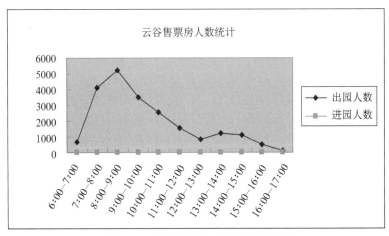

图 2-14 云谷票房客流时分布折线图

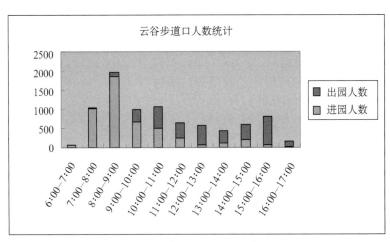

图 2-15 云谷步道口客流时分布柱形图

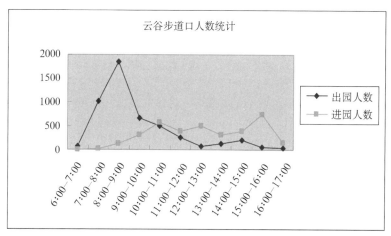

图2-16　云谷步道口客流时分布折线图

点至9点;其次为下午1点至3点。出山游客集中分布时段为下午3点至4点;其次为上午10点至11点;然后为12点至下午1点。

2 慈光阁票房与步道口

慈光阁票房与慈光阁步道口客流时分布统计数据列于表2-18,相应的客流量时分布柱形图和折线图详见图2-17—图2-20。

表2-18　慈光阁票房与步道口客流时分布

统计时段	慈光阁票房		慈光阁步道口	
	进园人数	出园人数	进园人数	出园人数
6:00—7:00	187	0	23	0
7:00—8:00	1192	0	318	0
8:00—9:00	3483	0	649	108
9:00—10:00	2503	0	600	373
10:00—11:00	2581	0	316	992
11:00—12:00	1499	0	161	1028
12:00—13:00	1271	0	44	763

统计时段	慈光阁票房		慈光阁步道口	
	进园人数	出园人数	进园人数	出园人数
13:00—14:00	961	0	5	437
14:00—15:00	248	0	31	884
15:00—16:00	21	0	5	1662
16:00—17:00	0	0	3	978
合　　计	13946	0	2155	7225

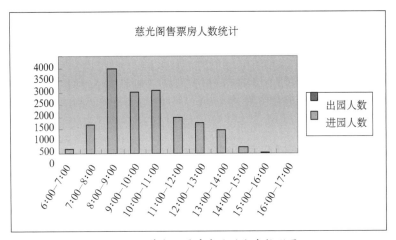

图2-17　慈光阁票房客流时分布柱形图

根据表2-18、图2-17—图2-20分析,从黄山南大门进山游览的客流分布具有以下三个特点:第一,从上午6点至下午5点,进山游客人数随统计时段而变化,呈现出波动性。第二,慈光阁票房与慈光阁步道口进园人数统计规律基本一致,近似于正态分布。慈光阁步道口出园人数表现为两峰一谷型。第三,进山游客集中分布时段为上午8点至9点。出山游客集中分布时段为下午3点至4点;其次为上午11点至12点。

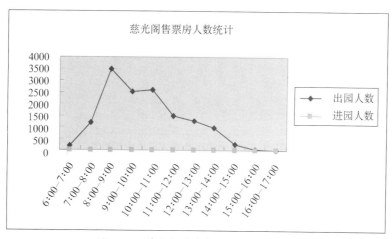

图 2-18 慈光阁票房客流时分布折线图

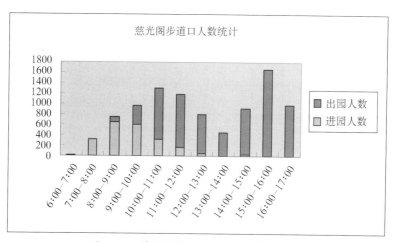

图 2-19 慈光阁步道口客流时分布柱形图

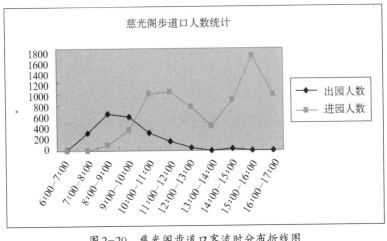

图2-20　慈光阁步道口客流时分布折线图

3 松谷票房与步道口

松谷票房与松谷步道口客流时分布统计数据列于表2-19,对应的客流量时分布柱形图和折线图详见图2-21—图2-24。

表2-19　松谷票房与步道口客流时分布

统计时段	松谷票房		松谷步道口	
	进园人数	出园人数	进园人数	出园人数
6:00—7:00	20	0	0	0
7:00—8:00	816	0	2	0
8:00—9:00	925	0	6	0
9:00—10:00	282	0	12	0
10:00—11:00	72	0	0	0
11:00—12:00	109	0	3	0
12:00—13:00	139	0	6	0
13:00—14:00	256	0	0	0
14:00—15:00	66	0	0	0
15:00—16:00	3	0	0	0
16:00—17:00	0	0	0	0
合　　计	2688	0	29	0

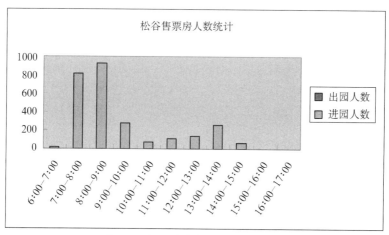

图 2-21　松谷票房客流时分布柱形图

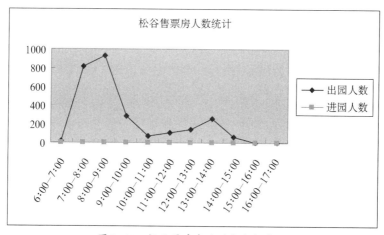

图 2-22　松谷票房客流时分布折线图

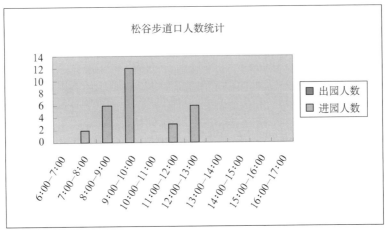

图2-23 松谷步道口客流时分布柱形图

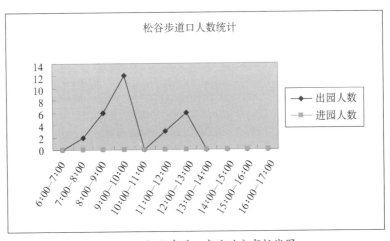

图2-24 松谷步道口客流时分布折线图

　　根据表2-19、图2-21—图2-24分析,从黄山北大门进山游览的客流分布具有以下三个特点。

　　第一,从上午6点至下午5点,进山游客人数随统计时段而变化,呈现出波动性。第二,松谷票房与松谷步道口进园人数统计规律基本一致,均为两峰一谷型。第三,松谷票房进山游客集中分布时段为上午8点至9点;其次为下午1点至2点。松谷步道口进山游客集中分布时段为为上午9点至10点;其次为中午12点至下午1点。

　　4　票房与步道口统计资料综合分析

　　(1)票房进园人数对比分析

　　在实测工作统计时段内,分别从黄山东大门—云谷售票房,南大门—慈光阁售票房,北大门—松谷售票房购票进入黄山风景区游览的游客人数列于表2-20。与其相对应的三个票房进园人数对比折线图见图2-25。

表2-20　三个票房进园人数对比

统计时间	云谷票房	慈光阁票房	松谷票房	合计
6:00—7:00	655	187	20	
7:00—8:00	4137	1192	816	
8:00—9:00	5227	3483	925	
9:00—10:00	3518	2503	282	
10:00—11:00	2548	2581	72	
11:00—12:00	1542	1499	109	
12:00—13:00	825	1271	139	
13:00—14:00	1223	961	256	
14:00—15:00	1101	248	66	
15:00—16:00	497	21	3	
16:00—17:00	104	0	0	
合　　计	21377	13946	2688	38011
百分比	56.24	36.69	7.07	100

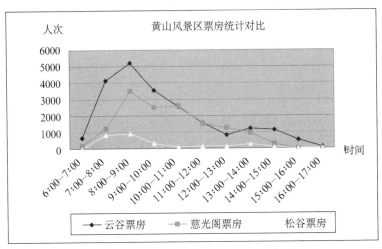

图2-25　三个票房进园人数对比折线图

根据表2-20、图2-25分析，可以看出以下特点。第一，三个票房进园人数统计曲线波动起伏。第二，在统计时段内，从上午6点至下午5点，都有游客来风景区游览，而且游客进山游览的集中时段为上午8点至9点，其次为下午1点至2点。第三，从东路进山的游客占总客流量的56.24%；从南路进山的游客占36.69%；从北路进山的游客占7.07%。

(2) 步道口进园人数对比分析

根据表2-21、图2-26分析，可以看出以下特点。第一，云谷步道口与慈光阁步道口进园人数统计曲线波动起伏，松谷步道口进园人数统计分布近似直线。第二，在统计时段内，从上午6点至下午5点，都有游客采用步行登山方式进入风景区游览，而且游客步行进山游览的集中时段与票房统计规律基本一致。即为上午8点至9点，其次为下午2点至3点。第三，从东路步行进山的游客居多，占步行总客流量的68.96%；从南路步行进山的游客次之，占步行总量的30.62%；从北路步行进山的游客很少，仅占0.42%。

表2-21 三个步道口进园人数对比

统计时间	云谷步道口	慈光阁步道口	松谷步道口	合计
6:00—7:00	72	23	0	
7:00—8:00	1012	318	2	
8:00—9:00	1845	649	6	
9:00—10:00	671	600	12	
10:00—11:00	498	316	0	
11:00—12:00	266	161	3	
12:00—13:00	73	44	6	
13:00—14:00	121	5	0	
14:00—15:00	202	31	0	
15:00—16:00	64	5	0	
16:00—17:00	29	3	0	
合 计	4853	2155	29	7037
百分比	68.96	30.62	0.42	100

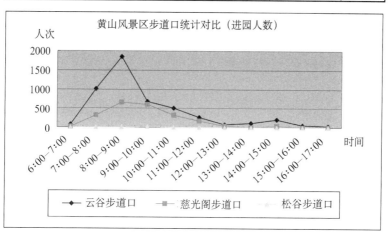

图2-26 三个步道口进园人数折线图

（3）步道口出园人数对比分析

根据表2-22、图2-27分析,可以看出以下特点。第一,云谷步道口、慈光阁步道口出园人数统计曲线波动起伏,松谷步道口统计人数为0。第二,在统计时段内,从上午6点至下午5点,都有游客离开风景区,而且游客出山的集中时段为上午10点至下午1点,其次为下午3点至4点。第三,从东大门出山的游客占出山游客总量的32.76%;从南大门出山的游客占67.24%;从北大门出山的游客为0。

表2-22　步道口出园人数对比

统计时间	云谷步道口	慈光阁步道口	松谷步道口	合计
6:00—7:00	1	0	0	
7:00—8:00	22	0	0	
8:00—9:00	130	108	0	
9:00—10:00	315	373	0	
10:00—11:00	568	992	0	
11:00—12:00	387	1028	0	
12:00—13:00	497	763	0	
13:00—14:00	318	437	0	
14:00—15:00	398	884	0	
15:00—16:00	742	1662	0	
16:00—17:00	142	978	0	
合　计	3520	7225	0	10745
百分比	32.76	67.24	0	100

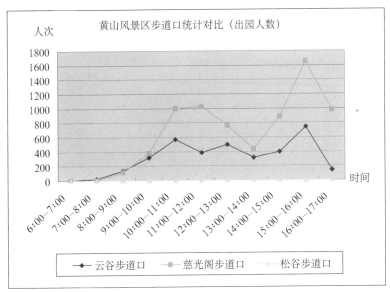

图 2-27　三个步道口出园人数折线图

（4）不同方式上山游客对比分析

根据统计资料计算,在实测工作期间,步行上山的游客7037人次,占总客流量的18.51%,乘坐索道上山的游客30974人次,占81.49%。其中乘坐云谷索道上山的游客16524人次,占乘坐索道上行总数的53.35%。乘坐玉屏索道上山的游客11791人次,占乘坐索道上行总数的38.07%。乘坐太平索道上山的游客2659人次,占乘坐索道上行总数的8.58%。即乘坐云谷索道上山的游客最多,玉屏索道次之,太平索道最少。

进一步统计分析可知,从三个方向（东、南、北）,以两种方式（步行、索道）上山的客流量在每个方向上所占比例不尽相同。例如:从东路步行上山的游客占东路人数的22.70%,乘坐云谷索道上行的游客占东路人数的77.30%。从南路步行上山的游客占南路人数的15.45%,乘坐玉屏索道上行的游客占南路人数的84.55%。从北路步行上山的游客占北路人数的1.08%,乘坐太平索道上行的游客占北路人数的98.92%。综上所述,就步行上山所占的比例而言,东路最多,南路次之,北路最少。就乘坐索道上行所占的比例来看,北路最多,南路次之,东路最少。

（二）路段统计分析

黄山风景区开展客流量时分布实测工作的十个路段,均属于北海景区和玉屏景区(表2-23)。

表2-23 黄山风景区客流时分布实测路段

序号	路　段	长度(m)	宽度(m)	所属景区
1	白鹅岭—七〇一	500	1.6	北海景区
2	黑虎松—始信峰	500	1.6	北海景区
3	黑虎松—北海	500	2.2	北海景区
4	北海—光明顶	3000	1.6	北海景区
5	西海—排云亭	500	2.2	北海景区
6	西海—飞来石	1750	1.6	北海景区
7	光明顶—天海	500	2.5	北海—玉屏
8	海心亭—鳌鱼峰	1000	2.0	玉屏景区
9	莲花亭—莲花峰	1000	1.2	玉屏景区
10	玉屏楼—玉屏索道站	500	1.6	玉屏景区

1 白鹅岭—七〇一路段

白鹅岭—七〇一路段客流时分布统计资料列于表2-24,与其对应的客流时分布柱形图和折线图见图2-28—图2-29。

表2-24　白鹅岭—七○一路段客流时分布

时　间	沿路名顺序方向	沿路名顺序反方向
6:00—7:00	0	0
7:00—8:00	1	2
8:00—9:00	1	2
9:00—10:00	3	4
10:00—11:00	4	6
11:00—12:00	7	10
12:00—13:00	11	16
13:00—14:00	18	27
14:00—15:00	30	43
15:00—16:00	48	70
16:00—17:00	78	113
合　计	202	293

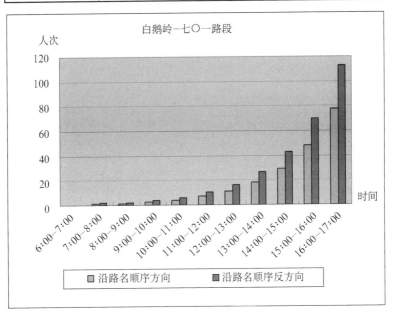

图2-28　白鹅岭—七○一路段客流时分布柱形图

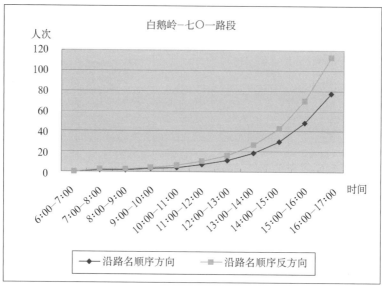

图2-29　白鹅岭—七〇一路段客流时分布折线图

根据表2-24、图2-28—图2-29分析,可以看出白鹅岭—七〇一路段客流时分布具有以下特点。第一,从上午6点至下午5点,游客人数随统计时段而变化,呈现出逐步上升的曲线型。第二,沿路名顺序正反方向游客人数统计规律基本一致,只是反方向游客人数比正方向游客人数略多一点。

2 黑虎松—始信峰路段

黑虎松—始信峰路段客流时分布统计资料列于表2-25,与其对应的客流时分布柱形图和折线图见图2-30—图2-31。

根据表2-25、图2-30—图2-31分析,可以看出黑虎松—始信峰路段客流时分布具有以下特点。第一,从上午6点至下午5点,游客人数随统计时段而变化,呈现出波动性。第二,沿路名顺序正反方向游客人数比较接近,波动曲线基本一致,正反方向客流集中时段均为上午9点至10点,其次为下午1点至2点。

表2-25 黑虎松—始信峰路段客流时分布

时 间	沿路名顺序方向	沿路名顺序反方向
6:00—7:00	8	2
7:00—8:00	22	17
8:00—9:00	118	75
9:00—10:00	184	186
10:00—11:00	128	145
11:00—12:00	64	77
12:00—13:00	55	55
13:00—14:00	65	72
14:00—15:00	50	60
15:00—16:00	34	31
16:00—17:00	40	50
合 计	768	770

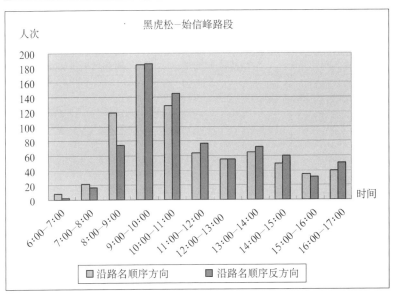

图2-30 黑虎松—始信峰路段客流时分布柱形图

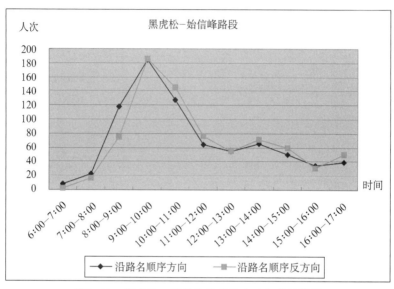

图2-31　黑虎松——始信峰路段客流时分布折线图

3 黑虎松——北海路段

黑虎松——北海路段客流时分布统计资料列于表2-26,与其对应的客流时分布柱形图和折线图见图2-32—图2-33。

表2-26　黑虎松——北海路段客流时分布

时　间	沿路名顺序方向	沿路名顺序反方向
6:00—7:00	3	9
7:00—8:00	7	43
8:00—9:00	26	111
9:00—10:00	77	99
10:00—11:00	66	78
11:00—12:00	73	23
12:00—13:00	60	28
13:00—14:00	50	41
14:00—15:00	56	33
15:00—16:00	35	21
16:00—17:00	45	15
合　计	498	500

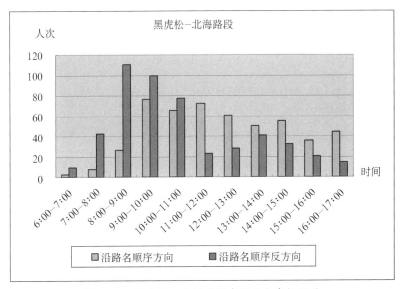

图2-32 黑虎松——北海路段客流时分布柱形图

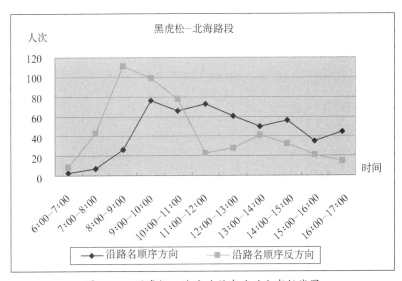

图2-33 黑虎松——北海路段客流时分布折线图

根据表2-26、图2-32—图2-33分析,可以看出黑虎松—北海路段客流时分布具有以下特点。第一,从上午6点至下午5点,游客人数随统计时段而变化,呈现出波动性。第二,沿路名顺序正反方向游客人数统计规律存在差异性,沿路名顺序正方向客流集中时段为上午9点至10点,上午11点至12点,以及下午2点至3点。沿路名顺序反方向客流集中时段为上午8点至9点,其次为下午1点至2点。

4 北海—光明顶路段

北海—光明顶路段客流时分布统计资料列于表2-27,与其对应的客流时分布柱形图和折线图见图2-34—图2-35。

表2-27 北海—光明顶路段客流时分布

时　　间	沿路名顺序方向	沿路名顺序反方向
6:00—7:00	7	1
7:00—8:00	7	15
8:00—9:00	16	5
9:00—10:00	39	4
10:00—11:00	21	5
11:00—12:00	11	11
12:00—13:00	10	19
13:00—14:00	15	14
14:00—15:00	13	12
15:00—16:00	7	10
16:00—17:00	4	16
合　　计	150	113

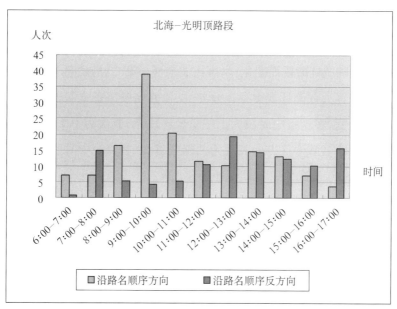

图 2-34 北海—光明顶路段客流时分布柱形图

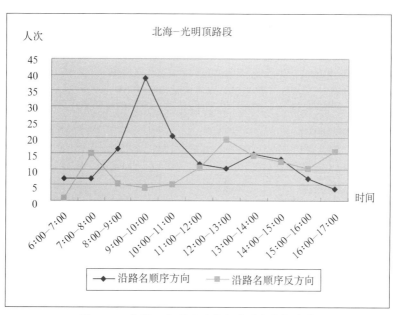

图 2-35 北海—光明顶路段客流时分布折线图

根据表2-27、图2-34—图2-35分析,可以看出北海—光明顶路段客流时分布具有以下特点。第一,从上午6点至下午5点,游客人数随统计时段而变化,呈现出波动性。第二,沿路名顺序正反方向游客人数统计规律存在差异性,沿路名顺序正方向表现为两峰一谷型,客流集中时段为上午9点至10点,其次为下午1点至2点。沿路名顺序反方向表现为两峰两谷型,客流集中时段为上午7点至8点,其次为中午12点至下午1点。

5 西海—排云亭路段

西海—排云亭路段客流时分布统计资料列于表2-28,与其对应的客流时分布柱形图和折线图见图2-36—图2-37。

表2-28　西海—排云亭路段客流时分布

时　间	沿路名顺序方向	沿路名顺序反方向
6:00—7:00	6	5
7:00—8:00	18	17
8:00—9:00	40	40
9:00—10:00	31	47
10:00—11:00	23	27
11:00—12:00	18	17
12:00—13:00	27	22
13:00—14:00	46	38
14:00—15:00	70	59
15:00—16:00	70	67
16:00—17:00	56	69
合　计	407	409

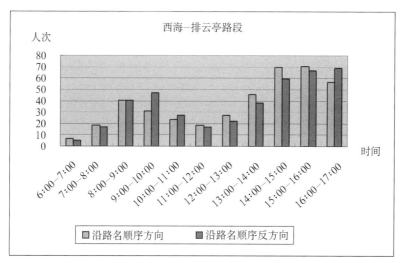

图 2-36 西海—排云亭路段客流时分布柱形图

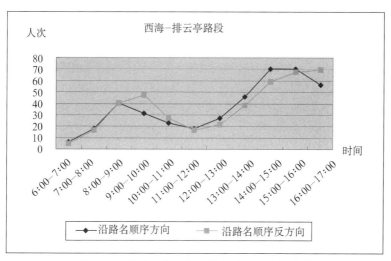

图 2-37 西海—排云亭路段客流时分布折线图

根据表 2-28、图 2-36—图 2-37 分析,可以看出西海—排云亭路段客流时分布具有以下特点。第一,从上午 6 点至下午 5 点,游客人数随统计时段而变化,呈现出波动性。第二,沿路名顺序正反方向游客人数统计规律大致相同,表现为两峰一谷型,正方向客流集中时段为下午2点至4点,其次为上午8点至9点。反方向客流集中时段为下午4点至5点,其次为上午9点至10点。

6 西海—飞来石路段

西海—飞来石路段客流时分布统计资料列于表2-29,与其对应的客流时分布柱形图和折线图见图2-38—图2-39。

根据表2-29、图2-38—图2-39分析,可以看出西海—飞来石路段客流时分布具有以下特点。第一,从上午6点至下午5点,游客人数随统计时段而变化,呈现出波动性。第二,沿路名顺序正反方向游客人数统计规律存在差异性,沿路名顺序正方向表现为较平缓的波动,客流集中时段主要下午3点至4点。沿路名顺序反方向表现为波动上升,客流集中时段为下午4点至5点。

表2-29　西海—飞来石路段客流时分布

时　　间	沿路名顺序方向	沿路名顺序反方向
6:00—7:00	33	1
7:00—8:00	13	14
8:00—9:00	26	19
9:00—10:00	24	5
10:00—11:00	25	8
11:00—12:00	13	20
12:00—13:00	24	18
13:00—14:00	28	21
14:00—15:00	35	27
15:00—16:00	41	48
16:00—17:00	26	59
合　　计	288	240

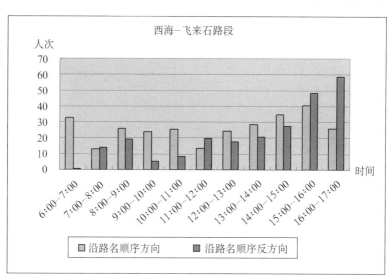

图2-38 西海—飞来石路段客流时分布柱形图

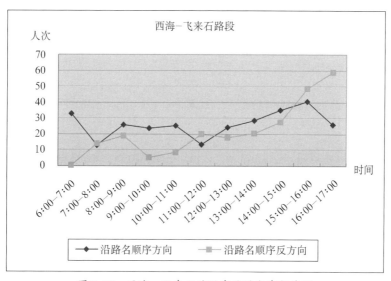

图2-39 西海—飞来石路段客流时分布折线图

7 光明顶—天海路段

光明顶—天海路段客流时分布统计资料列于表2-30,与其对应的客流时分布柱形图和折线图见图2-40—图2-41。

表2-30　光明顶—天海路段客流时分布

时　　间	沿路名顺序方向	沿路名顺序反方向
6:00—7:00	41	17
7:00—8:00	102	13
8:00—9:00	34	10
9:00—10:00	47	10
10:00—11:00	73	25
11:00—12:00	172	70
12:00—13:00	88	83
13:00—14:00	33	50
14:00—15:00	28	56
15:00—16:00	21	50
16:00—17:00	19	30
合　　计	658	414

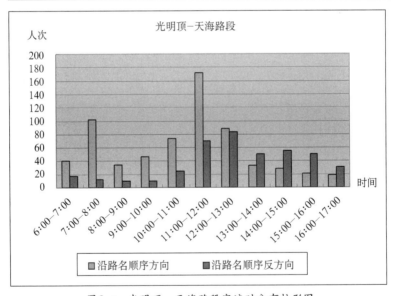

图2-4　光明顶—天海路段客流时分布柱形图

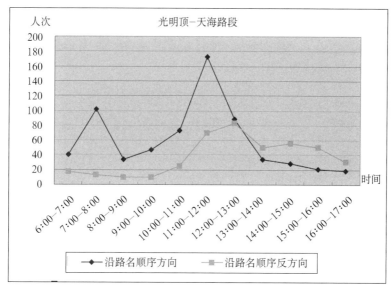

图2-41　光明顶—天海路段客流时分布折线图

根据表2-30、图2-40—图2-41分析,可以看出光明顶—天海路段客流时分布具有以下特点。第一,从上午6点至下午5点,游客人数随统计时段而变化,呈现出波动性。第二,沿路名顺序正反方向游客人数统计规律存在差异性,沿路名顺序正方向表现为两峰一谷型,波峰较陡,客流集中时段为上午11点至12点,其次为上午7点至8点。沿路名顺序反方向表现为波峰平缓,客流集中时段为中午12至下午1点。

8 海心亭—鳌鱼峰路段

海心亭—鳌鱼峰路段客流时分布统计资料列于表2-31,与其对应的客流时分布柱形图和折线图见图2-42—图2-43。

根据表2-31、图2-42—图2-43分析,可以看出海心亭—鳌鱼峰路段客流时分布具有以下特点。第一,从上午6点至下午5点,游客人数随统计时段而变化,呈现出波动性。第二,沿路名顺序正反方向游客人数统计规律存在差异性,沿路名顺序正方向表现为两峰一谷型,波峰较陡,客流集中时段为中午12点至下午1点,其次为上午7点至8点。沿路名顺序反方向波动平缓,客流集中时段为上午11至12点。

表2-31 海心亭—鳌鱼峰路段客流时分布

时 间	沿路名顺序方向	沿路名顺序反方向
6:00—7:00	22	1
7:00—8:00	123	1
8:00—9:00	67	7
9:00—10:00	44	14
10:00—11:00	51	35
11:00—12:00	115	80
12:00—13:00	152	66
13:00—14:00	65	47
14:00—15:00	25	47
15:00—16:00	18	46
16:00—17:00	8	31
合 计	689	375

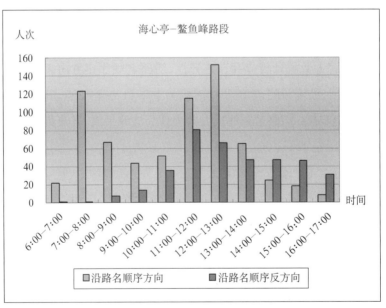

图2-42 海心亭—鳌鱼峰路段客流时分布柱形图

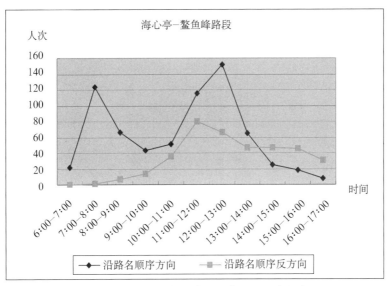

图 2-43　海心亭—鳌鱼峰路段客流时分布折线图

9 莲花亭—莲花峰路段

莲花亭—莲花峰路段客流时分布统计资料列于表 2-32，与其对应的客流时分布柱形图和折线图见图 2-44—图 2-45。

表 2-32　莲花亭—莲花峰路段客流时分布

时　间	沿路名顺序方向	沿路名顺序反方向
6:00－7:00	1	0
7:00－8:00	6	0
8:00－9:00	12	1
9:00－10:00	15	2
10:00－11:00	10	11
11:00－12:00	8	15
12:00－13:00	15	18
13:00－14:00	17	13
14:00－15:00	5	13
15:00－16:00	4	8
16:00－17:00	1	3
合　计	94	86

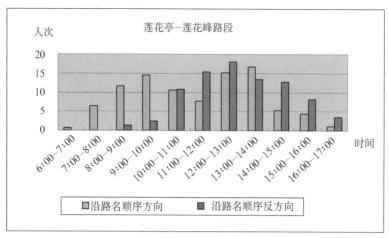

图 2-44　莲花亭—莲花峰路段客流时分布柱形图

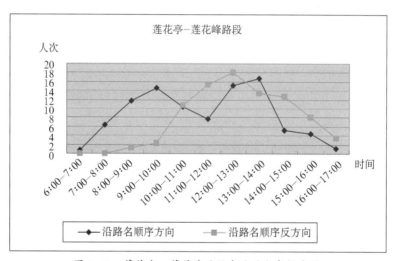

图 2-45　莲花亭—莲花峰路段客流时分布折线图

　　根据表 2-32、图 2-44—图 2-45 分析,可以看出莲花亭—莲花峰路段客流时分布具有以下特点。第一,从上午 6 点至下午 5 点,游客人数随统计时段而变化,呈现出波动性。第二,沿路名顺序正反方向游客人数统计规律存在差异性,沿路名顺序正方向表现为两峰一谷型,客流集中时段为下午 1 点至 2 点,其次为上午 9 点至

10点。沿路名顺序反方向近似表现为正态分布,客流集中时段为中午12点至下午1点。

10 玉屏楼—玉屏索道站路段

玉屏楼—玉屏索道站路段客流时分布统计资料列于表2-33,与其对应的客流时分布柱形图和折线图见图2-46—图2-47。

根据表2-33、图2-46—图2-47分析,可以看出玉屏楼—玉屏索道站路段客流时分布具有以下特点。第一,从上午6点至下午5点,游客人数随统计时段而变化,呈现出两峰一谷型。第二,沿路名顺序正反方向游客人数统计规律基本一致,正反方向客流集中时段均为下午1点至2点,其次为上午9点至10点。

表2-33　玉屏楼—玉屏索道站路段客流时分布

时　间	沿路名顺序方向	沿路名顺序反方向
6:00—7:00	5	15
7:00—8:00	39	14
8:00—9:00	98	56
9:00—10:00	152	121
10:00—11:00	130	121
11:00—12:00	77	83
12:00—13:00	103	83
13:00—14:00	182	121
14:00—15:00	105	115
15:00—16:00	46	43
16:00—17:00	22	11
合　计	960	784

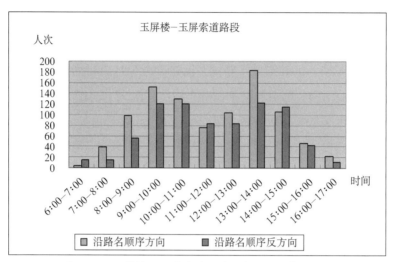

图 2-46　玉屏楼—玉屏索道站路段客流时分布柱形图

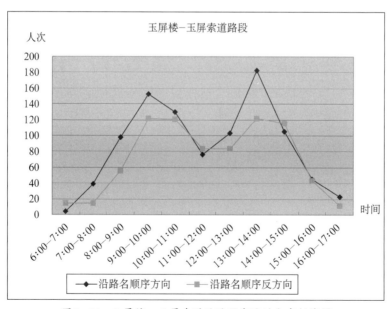

图 2-47　玉屏楼—玉屏索道站路段客流时分布折线图

第三章　游览环境容量

　　游览环境容量,主要研究游览路线(景点、景区)对旅游者的实际承受能力与游览路线对旅游者的核定承受能力之间的比例关系。从旅游供给的角度分析游览路线和景区布局的合理程度;从旅游需求方面研究客流时空分布规律及其影响因素;从可持续发展的角度来合理确定不同时间(年、月、日)、不同空间(景点、游览路线、景区)的理想负荷(合理流量)。研究景区(景点)实际负荷与理想负荷之间的比例关系,为控制旅游超载,防止旅游污染,促进旅游地社会经济与环境的协调发展提供科学依据。

第一节　游览环境现状

一、游览景区布局

　　黄山风景名胜区,具有可供观赏游览、科学研究和文化艺术活动等多种功能,因而也具有美学价值、科学价值和环境价值等多种价值。

　　黄山风景名胜区划分为九个管理区、九个游览区(北海、玉屏、温泉、云谷、松谷、钓桥、浮溪、福固、洋湖)。黄山风景名胜区缓冲区范围包括"五镇一场",即黄山区汤口镇、谭家桥镇、三口镇、耿城镇、焦村镇和洋湖林场。黄山风景名胜区分区规划为四大类:资源核心保护区、资源低强度利用区、资源高强度利用区、社区协调区。资源核心保护区根据资源受人类干扰的程度,分为资源弱干扰区和资源干扰区。资源低强度利用区根据游憩活动的类型,分为生态探险区、宿营点、步行观光区。资源高强度利用区根据设施类型分为机动车观光区、索道建设区、服务区。社区协调区根据社区的功能特征分为服务型社区和普通社区。

在与黄山风景名胜区相邻以及进入黄山的几条公路两侧山坡地段,实行植树造林,封山育林,形成绿色外围保护带。

黄山风景区整体布局体现了旅游开发与环境保护相结合的特点,既保护了风景资源与生态系统,又为旅游或科学研究活动奠定了基础。

黄山风景区六个游览区为:温泉景区、玉屏景区、云谷景区、北海景区、松谷景区与钓桥景区。在六个游览景区中,北海和玉屏为高山精华区,海拔高度为1600 m以上,故称为高山景区或山上景区。温泉、云谷、松谷和钓桥景区位于山谷之中,海拔高度在600m以上,故称为低山景区或山下景区。这里风景幽美,夏季凉爽,实为游览与避暑之佳境(表3-1)。

表3-1　黄山游览景区简表

游览景区	海拔高度(米)	面　积(公顷)	可达景点(处)	可望景点(处)	夏季平均气温(℃)	夏季最高气温(℃)	冬季平均气温(℃)	冬季最高气温(℃)
温泉	630	1481.33	28	12	24.4	36.1	−2.1	−8.2
北海	1630	1318.23	25	70	17.6	29.3	−9.0	−15.2
玉屏	1680	424.65	34	27	17.2	28.9	−9.3	−15.5

游览景区	海拔高度（米）	面　积（公顷）	可达景点（处）	可望景点（处）	夏季平均气温(℃)	夏季最高气温(℃)	冬季平均气温(℃)	冬季最高气温(℃)
云谷	890	1026.58	5	10	23.0	34.4	−3.8	−9.9
松谷	700	1148.45	12	15	24.1	35.8	−2.4	−8.6
钓桥	609	1655.05			24.8	36.5	−1.8	−8.0

二、游览路线

　　黄山以三大主峰(莲花峰、天都峰、光明顶)及其附近景点组成了以北海、玉屏楼为核心,向四面铺展的风景区格局。目前,黄山风景区对应着东、南、西、北四个方向的大门全部敞开,从旅游市场供给的角度分析,可以为旅游者提供多种选择的机会(即有多条游览路线可供选择),可以满足不同类型,不同层次的旅游需求。四个低山景区(云谷、温泉、钓桥、松谷)各有一个进出口,恰巧与东、南、西、北四路相对应。从温泉经玉屏楼到北海宾馆为南路(其中有玉屏索道);从云谷寺至北海宾馆为东路(其中有云谷索道);从松谷庵至北海宾馆为北路(其中有太平索道);从钓桥庵至天海为西路。南路、东路和北路均有登道与索道可供选择,西路是近年新辟的旅游步道。旅游者可以南路上、东路下;或者东路上,南路下;也可以北路上,南路下;或者西路上,南路下等等。不论从哪一路上下,游程中都可能包括北海、西海、天海、玉屏楼、莲花峰、天都峰等景区景点。因此黄山风景区的游览路线可以有多种选择,这里仅列出几种形式:

　　1.回环式　即温泉—云谷—北海—玉屏—温泉,或温泉—玉屏—北海—云谷—温泉。

2. 通过式 即松谷—北海—玉屏—温泉,或温泉—玉屏—北海—松谷,或松谷—北海—云谷—温泉,或温泉—云谷—北海—松谷。

3. 回环放射式 即温泉—玉屏—西海—钓桥,或温泉—云谷—北海—西海—钓桥。

黄山风景区游览路线结构可概括为南北观光游、东西生态游、云谷松谷文化游、周边低山半日游。

第二节 游览线路容量

风景区游览系统是由景点、游览路线、景区所构成的网络系统,不同特征的游览路线对旅游者的承受能力(即游览环境容量)显然不同。路宽平缓,观景点集中的游览路线承载力较强,路窄坡陡,不易对流的游览路线承载力较弱。游览环境承载力与风景区内游览路线的长度、步行道宽度与坡度、游客步行速度、日可游览时间、单位长度(面积)指标、周转率等因素有关。在游览路段一定的条件下,单位长度(面积)指标越高,则游览环境承载力值越低,它们之间呈反比关系;而日可游览时间越长,周转率数值越大,则游览环境承载力值亦越大,它们之间呈正比关系。由于客流时空分布的不均匀性,导致有的景区超载,有的景区满载,有的景区弱载。在有些路段尚未达到饱和时,另一些路段已处于饱和甚至过饱和状态,正是由于局部路段的"瓶颈"容量而影响了整个风景区的承载能力。

游览环境承载力的计算方法主要有"全线容量法"、"面积容量法"、"路线周转法"、"景点路线结合法"、"瓶颈容量法"、"反推法"等。

一、指标分级与游览承载率

1.单位长度指标分级

游客步行游览观景时的人均占路长度或人均占地面积不仅对游览环境承载力的数值有影响,而且对游客的心理感受影响较大。为了便于科学、合理、客观地评价风景区的游览环境承载力,根据实地调研、专家咨询、类比分析等方法将单位长度(面积)指标分为三级,即基本型、一般型和宽松型(表3-2)。

表3-2 黄山风景区单位长度(面积)指标分级

指 标	单位长度(m/人)	单位面积(m²/人)	分级
基本型	3	5	三级
一般型	4.5	20	二级
宽松型	9	100	一级

2.游览环境承载率

游览环境承载率是反映游览环境承载量(实际负荷)与游览环境承载力(理想负荷)之间的供求比例关系。它等于游览路线(景点、景区)对旅游者的实际承受能力与游览路线(景点、景区)对旅游者的核定承受能力之比。简言之,对某一特定景区,即为景区实际负荷与景区理想负荷(合理容量)之比。若用 TECP 表示游览环境承载率;TQ 表示游览环境承载量;TA 表示游览环境承载力。则

$$TECP=TQ/TA,$$

当 TECP>1,超载;

TECP=1,满载;

TECP<1,弱载。

二、全线容量

全线容量是静态容量,是指整个风景区在同一时刻可以承受的游览人数,是为了便于对风景区作宏观总体评价而进行的一种计算。全线容量的计算公式为:

$$C = L/T$$

其中:C—全线容量;L—全线长度;T—单位长度指标(人均占路长度)。

黄山风景区游览步道总长 61500m(表3-3),按表3-2分三级指标进行评价,其中一级宽松型容量为6833人次,二级一般型容量为13666人次,三级基本型容量为20500人次。

表3-3　黄山风景区主要游览步道一览表

起　点	终　点	实际长度(米)	台阶(级)	路宽(米)	高差(米)	备注
慈光阁	玉屏楼	6000	5421	1.6	920	石质
天都老道		1500	1329	1.2	310	石质
天都新道		1500	2108	1.2	420	石质
玉屏楼	玉屏上站	500	546	1.6	90	石、砼
玉莲新道		500	338	1.5	10	砼
莲花新道		1000	1088	1.2	210	石、砼
莲花横排道		1000	496	1.6	95	石、砼
莲花亭	莲花峰顶	1000	955	1.2	155	石质
金龟探海	天海	2500	1225	2.2	160	石质

续表

起　点	终　点	实际长度(米)	台阶(级)	路宽(米)	高差(米)	备注
天海	步仙桥	2500	1319	1.2	230	石质
天海	光明顶	500	487	2.5	90	石质
光明顶	排云楼	2500	1338	1.6	100	石、砼
排云亭	西海	500	154	2.2	25	石质
西海	北海	500	268	2.2	34	石、砼
北海	白鹅岭	1000	551	2.5	81	石、砼
光明顶	白鹅岭	2000	832	1.6	145	石质
光明顶	北海	3000	1399	1.6	144	石、砼
白鹅岭	云谷寺	6500	4170	1.6	759	石、砼
北海	狮子峰顶	1000	720	1.6	84	石质
北海	松谷庵	8500	5584	1.6	940	石质
松谷庵	芙蓉岭	2500	1037	1.6	110	石质
黑虎松	始信峰	500	638	1.6	74	石质
丹霞峰游道		2000	1505	1.2	150	石质
西海大峡谷游道		4000	5147	1.4	340	石、砼
步仙桥	钓桥庵	8500	6359	1.2	782	石质

注:资料截至2005年底。

1987—2001年黄山风景区淡旺季日平均客流量列于表3-4。

表3-4　黄山风景区淡旺季日平均客流量(1987—2001年)

年	一月	二月	三月	四月	五月	六月	七月	八月	九月	十月	十一月	十二月	淡季日平均	旺季日平均	年日平均
1987	1947	3895	11685	67788	103655	68006	88134	101766	72068	71412	45330	20357	551	2676	1797
1988	2128	4257	11132	68062	105293	51614	66912	62797	46748	57587	22567	5347	300	2144	1382
1989	2003	4005	12016	61224	99336	38759	61674	88037	55364	64637	33724	5861	381	2191	1442
1990	2068	4136	12408	76203	116405	57416	91664	108918	55427	103847	31706	9572	396	2849	1834
1991	2614	5228	15683	102870	157076	83384	47039	76542	77616	100157	40278	13123	509	3012	1977
1992	3642	7537	19786	97616	159676	88444	135428	123513	99994	110549	48338	11849	603	3809	2483
1993	1726	5006	21170	93713	136289	86488	101472	101391	79959	80791	23726	5338	377	3178	2019
1994	3100	6032	21583	95642	140504	66040	95489	104605	86718	120756	35683	7235	487	3316	2146
1995	1804	8412	31606	105566	127277	76287	103724	117064	90369	114865	41459	10865	623	3435	2272
1996	7353	3645	17599	87150	158087	88071	70831	112246	116193	116616	44676	12575	568	3500	2287
1997	5023	14683	36050	115794	197033	98107	143426	151539	108086	154505	42584	9629	715	4525	2949
1998	12239	12500	29825	97939	162968	77836	141017	134452	84218	156744	55413	15674	832	3996	2687
1999	11992	31828	32501	114616	198017	82487	154342	179581	98238	214044	50007	21477	978	4866	3257
2000	9721	25229	40439	131410	230754	90509	160097	163353	108449	138782	49834	23325	983	4782	3210
2001	23066	15733	63250	141634	230600	106220	175023	187224	127645	183383	67810	22593	1274	5381	3682

分析表3-4可知,1987—2001年15年中,年日平均客流量最高值为3682人次(2001年),淡季日平均客流量最高值为1274人次(2001年),旺季日平均客流量最高值为5381人次(2001年),历年各月客流量最高值为230754人次(2000年5月),平均每天接待7443人次。据统计,1999年10月3日为黄山历年接待游客最多的一天,共接待30695人次。

风景区内接待床位共4667张,山上景区有床位3431张(表4-11)。若旅游旺季客房利用率以100%计,则可住宿3431人。风景区每天客流量(实际负荷)以第一天山上景区(北海、玉屏)的住宿人数加上第二天的进山人数来计算,则日客流量2000年5月份平均每天10874人次(最高值),2001年5月份平均每天10869人次(次高值),2001年旺季平均每天8812人次,它们均接近于二级一般型容量13666人次。因此,从总体(平均)上看,黄山风景区还未达到饱和状态。

但是,由于客流日分布极不均衡,形成了天天有游客,峰谷极悬殊,最少16人次(1994.2.1),最多30695人次(1999.10.3)的极不平衡状态。根据黄山风景区"五一黄金周"客流统计资料分析(见表2-5、图2-5),2001—2004年"五一黄金周"超过3万人次的有1天,占3.57%;超过2万人次的有6天,占21.43%;超过1万人次的有6天,占21.43%;1万人次以下的有15天,占53.57%。以瞬时容量标准进行评价,超过三级基本型容量20500人次的有6天,占21.43%;超过二级一般型容量13666人次的有11天,占39.29%;超过一级宽松型容量6833人次的有14天,占50%。

根据黄山风景区"十一黄金周"客流统计资料分析(见表2-6、图2-6),2000—2004年"十一黄金周"超过2万人次的有4天,占11.43%;超过1万人次的有15天,占42.86%;1万人次以下的有16

天,占45.71％。以瞬时容量标准进行评价,超过三级基本型容量20500人次的有4天,占11.43％;超过二级一般型容量13666人次的有12天,占34.29％;超过一级宽松型容量6833人次的有22天,占62.86％。

2001年5月3日旅游高峰日30176人次与三级基本型容量20500人次相比,多9676人次,不考虑第一天山上的住宿人数,TECP=TQ/TA=1.47(严重超载);若考虑住宿人数,TECP=TQ/TA=1.64(严重超载)。

就总体评价而言,在客流时空分布均匀的前提下,三级基本型容量(20500)—住宿人数(3431)=17069(人次),二级一般型容量(13666)—住宿人数(3431)=10235(人次),一级宽松型容量(6833)+住宿人数(3431)=10264(人次)。这意味着黄山风景区每天进山人数约7000人次,山上滞留人数约1万人次时,游览环境比较宽松,旅游舒适度较高。当每天进山人数约1万人次,山上滞留人数约1.4万人次时,在重要景点或"瓶颈"路段应加强管理,及时疏导分流游客,保障旅游安全。当每天进山人数约1.7万人次,山上滞留人数约2万人次以上时,将对资源与环境保护,旅游管理以及旅游舒适度的提高产生不利的影响。因此,黄山风景区每天进山人数应控制在1.7万人次以内,超过这一数值,必然会造成游览路线的严重超载,也会相应地带来一系列的环境问题。

据2004年1—9月客流统计资料分析,超过三级基本型容量20500人次的有1天(2004.5.2—21849人次),占0.36％;超过二级一般型容量13666人次的有5天(2004年4—5月),占1.82％;超过一级宽松型容量6833人次的有62天(2004年3—9月),占22.63％。进一步的统计分析表明,客流日分布具有明显的周期性,一周内客流量的最大值一般都出现在周六。例如:2004.4.17(周六)客流量

15767人次(2004年4月最大值);2004.7.17(周六)客流量10899人次(2004年7月最大值);2004.8.7(周六)客流量12736人次(2004年8月最大值)。这说明游客进山观光游览具有一定的规律性,除了"春节"、"五一"、"十一"黄金周和暑假之外,一般都利用双休日外出旅游。基于上述分析,可以建立一套相应的管理体系。第一,针对"五一"、"十一"黄金周,建立一级应急预警机制;第二,针对暑假,建立二级应急预警机制;第三,针对每年4—10月每周六客流高峰日,建立三级应急预警机制;第四,客流量低于一级宽松型容量时,可以采用一般的常规管理。

三、路段容量

根据黄山风景区客流空间分布模型示意图(2004年),从四个方向来考虑风景区内游览路线容量的估算(表3-5)。

表3-5 黄山风景区游览路线容量的估算

上山方向	游览 步道起止点	路段长度 (m)	线 (一级)	容 (二级)	量 (三级)
东路	云谷寺—北海宾馆	7500	833	1666	2500
南路	慈光阁—玉屏楼	6500	722	1444	2166
西路	钓桥庵—天海海心亭	11000	1222	2444	3666
北路	松谷庵—北海宾馆	11000	1222	2444	3666
两区连线	玉屏楼—天海海心亭	2500	277	555	833
玉屏	天都峰(新道、老道)	3000	333	666	1000
景区	莲花峰	3500	388	777	1166
北海景区	北海—西海—天海—东海	16500	1833	3666	5500
合计		61500	6830	13662	20497

表3—5反映了在路段长度为61500m时,一级宽松型容量为6830人次,二级一般型容量为13662人次,三级基本型容量为20497人次。相应地可以针对淡季、旺季、高峰日客流量制定三级评价标准,即一级评价标准,<7000人次为弱载(淡季日客流量);二级评价标准,=14000人次为满载(旺季日客流量);三级评价标准,>20000人次为超载(高峰日客流量)。这意味着在客流空间分布不均的条件下,黄山风景区每天进山人数应控制在1万人以内。1994年淡季5个月中,每天进山人数都<3500人次,且最大值为1968人次(1994.11.11),这说明淡季弱载情况比较严重。旺季7个月中,>5000人次有10天,>7000人次有5天,这表明旺季用二级标准评价,弱载多;满载少;超载更少。高峰日>1万人次有4天,超载日数虽不多,但超载程度却不小,比三级评价标准多负荷6978人次,TECP=1.70。1999年春节前后11天(表5—5中),<1000人次有7天,>4000人次有4天,>5000人次有1天。这显示了淡季弱载情况有所改善,正在缩小与旺季日客流量之间的差距,逐步向满负荷的方向迈进。1999年"五・一"前后11天中,3500—5000人次有5天,5000—8100人次有4天,>2万人次有2天。这反映了旅游高峰期并非天天满负荷,用二级标准评价,46%弱载;36%基本满载;18%严重超载。对于后者应加强管理,严格控制。

这里给出周转率的计算公式:

$$R=ROUND((T/(L/V)),1)$$

式中:R—周转率;T—日可游览时间;L—路段长度;V—步行游览速度;

ROUND—Excel中的数学函数,ROUND(N,N1)表示N四舍五入至N1位小数。

当T分别为8、10、12时,计算黄山风景区日合理流量(表3-6)。

表3-6　黄山风景区游览环境承载力的估算

上山方向	周转率 T=8	日（一级）	合理（二级）	流量（三级）	周转率 T=10	日（一级）	合理（二级）	流量（三级）	周转率 T=12	日（一级）	合理（二级）	流量（三级）
东路	2.2	1832	3665	5500	2.7	2249	4498	6750	3.3	2748	5497	8250
南路	2.6	1877	3754	5631	3.3	2382	4765	7147	3.9	2815	5631	8447
西路	1.2	1466	2932	4399	1.5	1833	3666	5499	1.8	2199	4399	6598
北路	1.7	2077	4154	6232	2.1	2566	5132	7698	2.5	3055	6110	9165
两区连线	3.4	941	1887	2832	4.3	1191	2386	3581	5.1	1412	2830	4248
玉屏景区	2.4	1730	3463	5198	2.9	2090	4184	6281	3.5	2523	5050	7581
北海景区	2.1	3849	7698	11550	2.7	4949	9898	14850	3.2	5865	11731	17600

注：玉屏景区用"瓶颈容量法"，其余用"路线周转法"计算。

分析表 3-6 可以看出：

1.日可游览时间适度延长,周转率值增大,景区日合理流量也随之增加。

2.在现存的游览格局中,东路、北路和西路上山的游客先游览北海景区,南路上山的游客先观赏玉屏景区。其中有少部分游客因体力或时间的限制只游北海或玉屏景区便由原路返回,而大多数旅游者一般都要游览北海、西海、天海、玉屏楼、天都峰、莲花峰等景区景点。因此,北海景区是各路游客汇集的焦点(见客流分布模型示意图中心区),其游览环境承载力应该作为控制整个风景区合理规模(日合理流量)的依据。表 6-5 表明北海景区的理想负荷以 6000—12000 人次/日为宜。

黄山风景区日平均客流量(2004 年)、旅游高峰月日平均客流量(1998 年 5 月)、旅游高峰日最大客流量(1999 年 10 月 3 日)列于表3-7。

表3-7　黄山风景区日平均(最大)客流量(1998-1999 年)

方向	步行日均客流量	索道实际运载量	日均客流量(人次/d)	备注
东路	1130	2716	3846	
南路	990	3453	4443	
北路	3	482	485	
合计	2123	6651	8774	2004 年平均
方向	步行日均客流量	索道实际运载量	日均客流量(人次/d)	
东路	1384	3762	5146	
南路	1563	3173	4736	
北路	6	621	627	
合计	2953	7556	10509	1998 年 5 月平均

方向	步行最大客流量	索道最大运载量	日最大客流量(人次／d)	
东路	19795	5766	25561	
南路	11408	17859	29267	
北路	50	6512	6562	
合计	31253	30137	61390	1999.10.3

注:均为双向客流量,未考虑住宿人次。西路缺统计资料。

分析表3-7,将各路实际负荷与其合理流量对比,根据公式计算游览环境承载率(TECP)。

①T=8,用一级宽松型标准评价,TECP东路为0.62(弱载);南路为0.53(弱载);北路为0.001(严重弱载)。2004年日平均进山4388人次,考虑山上住宿人数,TECP=1.02(满载)。

②T=8,采用一级宽松型标准评价,TECP东路为0.76(弱载);南路为0.83(基本满载);北路为0.003(严重弱载)。1998年5月日平均进山5257人次,山上景区客房利用率按100%计,住宿2691人次,一日游者2566人次,则日均客流量(双向)为7823人次(TECP=1.02)。若住宿按30%计,有1577人次,一日游者3680人次,则日均客流量(双向)为8937人次(TECP=1.16)。用北海景区日合理流量(T=8,二级)来衡量,TECP=1.02或1.16,表明风景区1998年5月日平均负荷基本满载。

③T=12,采用三级基本型标准评价,TECP东路为2.39(严重超载);南路为1.35(超载);北路为0.005(弱载)。1999年10月3日进山30695人次,山上可以住宿2691人(床位利用率按100%计),当日下山(一日游)28004人次,则日最大客流量(双向)为58699人次。若一日游者按70%计,则日最大客流量(双向)为52181人次。若住宿需求按30%计,当天就有9208人愿意在山上景区住宿,而山上景

区仅有2691张床位,这就意味着可能有6517人在山上无床位住宿。用北海景区日合理流量(T=12,三级)来衡量,TECP=3.34或2.96(严重超载),表明黄山风景区1999年10月3日客流爆满,大多数游览路线、景区景点不堪重负,严重超载。旅游高峰日强大的客流冲击对风景区的可持续发展将产生不利的影响,对此应予以高度重视。

第三节　游览景区容量

游览景区是由观景点与游览路线交织而成的网状系统。每个景区的游览承载能力包括可达景点、游览路线和有游览观景价值的场地可以容纳的旅游者人数。即包含着线容量和面容量的估算。

一、温泉景区游览容量

温泉景区位于群峰峡谷之中,为一U型谷地的低山公园。区内景点众多,山景、水景、石景各具特色。最有魅力的是与"奇松"、"怪石"、"云海"并称黄山"四绝"的温泉。

温泉景区总面积为1481.33km²,但旅游者大多集中在0.4km²中心区游览观景,若单位面积指标采用三级宽松型(100m²/人),日周转率为1,则全天可容纳游客4000人。

温泉景区室外游览面积(即游览道路,可达景点和有游览观景价值的场地)为30000m²,参照有关资料,单位面积指标选为20m²/人(二级一般型)。据调查,游客在温泉景区游览约需4小

时,每天供游赏时间为10小时,周转率为2.5。因此,温泉景区的日游览承载能力为:

$$30000(m^2) / 20(m^2/人) \times 2.5 = 3750(人)$$

温泉景区现有游览步道6400m,单位长度指标采用二级一般型(4.5m/人),周转率为2.5。则温泉景区全天可容纳游客:

$$6400(m) / 4.5(m/人) \times 2.5 = 3556(人)$$

温泉景区的最佳风景点(代表景点)为温泉的泉眼,如泉眼开放供游客观赏,则此处容量为该区的瓶颈容量。

二、玉屏景区游览容量

玉屏景区风景资源独厚,可达景观有怪石、奇松、天池、岩、台、洞、石刻、碑刻等。登上玉屏峰,可领略兼收到"光明顶之旷、桃花源之幽、石笋矼之奇"的独特景观。

玉屏景区沿旅游路线串联的主要景点为天都峰、玉屏峰和莲花峰。玉屏峰山顶游览面积约1538m²,从观景和环境噪声要求,单位面积指标采用三级基本型(5m²/人),每人游览观赏时间为1小时,日可游览时间按10小时计,周转率为10,则每日可容纳旅游者3080人。

天都峰的游览路线全长为3000m,单位长度指标采用二级一般型(4.5m/人)。据调查,每位游客游览天都峰的时间平均为2.5小时,日可游览时间为10小时,周转率为4。因此,天都峰日游览承载能力为2667人,这是玉屏景区的瓶颈容量。

三、北海景区游览容量

北海景区游客可达的区域是起伏平缓的山顶面区,包括北海南部、西海东部、天海北海和东海西部的黄山风景区中央部位(图5-13),是一个高山自然风光公园。其外环游览步道濒及"海"边,故以此为边界,包括通常所称的北海、西海、光明顶与天海总面积约1.3km²。但游客大多数沿白鹅岭—黑虎松—北海宾馆—清凉台—排云亭—飞来石—光明顶—天海路线游览,主要集中分布于0.5km²的游览面积中,单位面积指标采用一级宽松型(100m²/人),当T=10,R=1.5时,日游览容量为7500人。

北海景区室外游览面积(即游览步道、可达景点和有游览观景价值场地)为28000m²,按人均5m²(三级基本型),周转率为1.5计算,北海的日游览承载能力为8400人。

"梦笔生花"观景台可以容纳的客流量为北海景区的瓶颈容量。其观景台面积为30m²,以1m²/人和每人观赏5分钟计,则每小时可供360人观景,日可游览时间为12小时,则每天可接纳游客4320人。

四、云谷景区游览容量

云谷景区现有室外游览面积(指公路、游览小道、可达景点及有观景价值的场地)11025m²,单位面积指标采用三级基本型(5m²/人),周转率为2.5,则日合理流量为5513人次。

五、松谷景区游览容量

近年来,随着"两山一湖"(九华山—太平湖—黄山)旅游线的形成,以及后山、西海风景资源的开发,松谷景区逐渐热起来。北路有翡翠池、松谷庵、老龙潭、宝塔峰、书箱峰、骆驼峰等景点,高崖幽谷,山野风光,形成了一种独特的幽静恬美的自然氛围。

翡翠池的日游览环境承载力是松谷景区的瓶颈容量。观赏翡翠池得占用游览路线,每次可供15人游览,若每人观赏5分钟,日可游览时间为10小时,则日合理流量为1800人次。

六、钓桥景区游览容量

近年新辟的游览步道—钓桥庵至天海,沿途有花岗岩石林、天鹅对歌、仙人踩高跷和植物园等景点。这条游览路线沿白云溪经西海腹地,道路险峻,奇景皆是,全长8500m。单位长度指标采用二级一般型(4.5m/人),日可游览时间为8小时,周转率为1.2,则日合理流量为2267人次。此外,从钓桥庵还有石板路分别通往温泉景区和山后接待中心甘棠镇。

综上所述,黄山风景区按面积容量法、路线周转法、瓶颈容量法等方法估算出的游览环境容量(游览承载能力)归纳于表3-8。

表3-8　黄山各景区游览环境容量的估算　　　(人次/天)

景区	总面积容量法	面积容量法	路线周转法	瓶颈容量法	备　注
温泉	4000	3750	3556		
玉屏		3080	5198	2667	(天都峰)
北海	7500	8400	11550	4320	(梦笔生花)
云谷		5513	5500		
松谷			6232	1800	(翡翠池)
钓桥			2267		

根据各景区理想负荷(游览承载能力)与实际负荷(日均客流量或日最大客流量)分别计算游览环境承载率(表3-9)。

表3-9 黄山风景区游览环境承载率

景 区	云 谷	温 泉	北 海	玉 屏	松 谷	钓桥	备 注
游览承载能力	5500	4000	8000—11000	3000—5000	6200	2300	
某年日均实际负荷	1130	990	7819	7819	3		2004
游览环境承载率	0.21	0.25	0.71—0.98	1.56—2.61	0		2004
某年日平均客流量	3846	4443	7819	7819	485		2004
游览环境承载率	0.7	1.11	0.71—0.98	1.56—2.61	0.08		2004
高峰月日均实际负荷	1384	1563	7948	1948	6		1998.5
游览环境承载率	0.25—0.35	0.39—0.45	0.99—1.59	2.65—3.18	0		1998.5
高峰月日均客流量	5146	4736	7948	7948	627		1998.5
游览环境承载率	0.94—1.29	1.18—1.35	0.99—1.59	2.65—3.18	0.23		1998.5
高峰日最大实际负荷	19795	11408	33386	33386	50		1999.10.3
游览环境承载率	3.6	2.85	3.04—4.17	6.68—11.13	0.01		1999.10.3
高峰日最大客流量	25561	29267	33386	33386	6562		1999.10.3
游览环境承载率	4.65	7.32	3.04—4.17	6.68—11.13	1.06		1999.10.3

注:钓桥景区缺统计资料。日均实际负荷为步行日均双向客流量;日均客流量为步行日均客流量与索道实际运载量之和(双向)。

计算公式:TECP = ROUND((TQ / TA),2)

式中:TECP—游览环境承载率;TQ—实际负荷或客流量;TA—游览承载能力; ROUND—Excel中的数学函数。

分析表3—9,可以对黄山风景区游览环境承载力的现状作出客观评价:

① 云谷、温泉和松谷景区分别处在黄山风景区的东路、南路与北路之上,这三个景区均有步道和缆车与山上景区相连。其中云谷、松谷景区内分别有一索、二索将游客送到北海景区;温泉景区内有三索将游客送至玉屏景区。因此,景区内实际游览负荷与客流量相差很大。景区实际游览负荷理应与步行上下山的客流量相等,而在索道下站集散的客流量只反映游客从该景区匆匆"流过",并不能表示游客在该景区"游过"。根据景区实际负荷与理想负荷之比计算游览环境承载率,从2004年日均值和1998年5月日均值看,云谷、温泉景区弱载;松谷景区几乎空载。从旅游高峰日(1999.10.3)来看,云谷景区、温泉景区严重超载;松谷景区弱载。若用景区客流量与理想负荷之比来计算TECP,其结果会有较大出入。因为,据统计2004年有75%以上的游客乘缆车上下山。这意味着大多数旅游者仅仅游览山上景区,而山下景区的旅游资源和设施未能得到充分合理的利用。

② 北海、玉屏景区的实际游览负荷与客流量相等。因为无论从哪个方向(东、南、西、北四路),采用何种方式(步行、缆车)上山的游客,最终都集中在北海和玉屏景区内的近万米游览步道上。这是黄山风景区的一条游览"热线",也是容易出现超载的地段。对比分析北海与玉屏景区的游览环境承载率(表6—9),可以看出玉屏景区的TECP值均高于北海景区。当北海景区年日均值为0.71—0.98(弱载—满载)时,玉屏景区为1.56—2.61(超载)。当北海景区旅游高峰月日均值为0.99—1.59(满载—超载)时,玉屏景区为2.65—3.18(严重超载)。当北海景区高峰日TECP最大值为

3.04—4.17(严重超载)时,玉屏景区为6.68—11.13(极其严重超载)。因此,玉屏景区的游览承载能力是黄山风景区游览承载能力的瓶颈。

③钓桥景区缺统计资料。据调查,西路游客稀少,几乎常年"空载"和弱载。在钓桥庵至天海,人称"最美的风景线"上,许多奇景佳色(花岗岩石林、植物园、高峡幽谷等)未能得到有效的利用。随着西海大峡谷游道的建成,及其基础服务设施(如游憩点、公共厕所)的配套建设,以及西大门道路交通条件的逐步改善,将会有越来越多的游客加入到西部生态游的探险之旅。

第四节　游览容量预测

上述游览环境容量是在游览步道现状统计基础上所作的评估。当基础数据发生变化时,所对应的容量预测也要随之进行调整。即当开发新的游览区,或新增游览步道,交通条件改善时,游览环境容量将扩展增容。

一、近期游览容量

依据黄山风景区新一轮总体规划,近期(2006—2010年),在南北贯通,以观光游为主的基础上,积极开发西大门,将增设西部小岭脚出入口,促进西部生态游。同时在南部山岔出入口建设索道,能够将经合铜黄高速公路到黄山来的游客方便快捷地疏散开。在"十一五"期间,将新增步行观光路2条,长约1860米。其中,逍遥亭一带—揽胜桥长约1700米,改造后的云谷索道上站—皮蓬岔路长约160米。如将周边低山景点(翡翠谷、凤凰源、猴谷、飞龙瀑、芙蓉谷)适度开展生态探险半日游。则可以拓展游览容量1923－2765人次/日。届时瞬时游客容量将达到8756人(宽松型)、15796(一般型)、23265人(基本型)。以日游客容量8756人次/日为基数,按三个方案分别计算年游客容量。第一,全年满负荷,年游客容量为319.6万人次/年;第二,全年按70％计,年游客容量为223.7万人次/年;第三,旺季按100％计,淡季按70％计,年游客容量为279.9万人次/年。从管理的角度考虑,可以将一般型容量15796人次/日作为双休日制定最大接待人数的参考依据,将基本型容量23265人次/日作为黄金周制定最大接待人数的参考依据。

二、远期游览容量

依据黄山风景区新一轮总体规划,远期(2011－2025年),在已有4个出入口的基础上,将增设东部石门源、南部苦竹溪、北部黄碧潭出入口。形成南部3个、北部2个、东西各1个出入口的游览格局。在此期间,将新增步行观光路4条,长约2680米。其中,水厂—白砂岗长约150米;慈光阁—白砂岗长约330米;太平索道上站—石笋峰长约1350米;太平索道上站岔路口—十八道湾长约850米。可以拓展游览容量298－893人次/日。则瞬时游客容量将达到9053人(宽松型)、16391(一般型)、24158人(基本型)。以日游客容量9053人次/日为基数,按三个方案分别计算年游客容量。第一,全年满负荷,年游客容量为330.4万人次/年;第二,全年按70％计,年游客容量为231.3万人次/年;第三,旺季按100％计,淡季按70％计,年游客容量为289.5万人次/年。从管理的角度考虑,可以将一般型容量16391人次/日作为双休日制定最大接待人数的参考依据,将基本型容量24158人次/日作为黄金周制定最大接待人数的参考依据。

第四章　生活环境容量

生活环境承载力也称生活环境容量,是指风景区承受旅游者基本生活需要吃、住、购、娱等消费活动的最大能力或限度,其中主要是供水能力和住宿接待能力。生活环境承载力主要研究旅游地水资源概况,现有供水设施的可供水量,风景区用水量分析,供水人数,供水时间,供水标准和水量的供需平衡;以及风景区住宿接待规模,客流住宿分布规律,不同床位利用率的接待容量估算。为有效地利用旅游基础设施,保证旅游活动的舒适性,促进风景区旅游与环境同步协调发展提供科学的依据。

第一节　水资源承载力

水是人类赖为生存的重要因素,也是旅游业发展中不可缺少的先决条件。黄山风景区的水资源承载力对黄山旅游经济的发展、旅游市场的开拓、生态环境的保护等至关重要。

一、水资源概况

（一）水文气象

黄山风景区属北亚热带湿润性季风气候,四季分明,温暖湿润,雨量充沛。据(1951—1990年)资料统计,年平均降雨量为1429.5mm。但降雨量时空分布很不均匀。降雨多集中在每年4—8月(占65.1%),9月至次年3月为枯水期(占34.9%)。有时受季风影响,7月中旬就开始干旱,而7—9月正是旅游旺季,此时气温高,耗水量大,经常发生供水困难,使之成为制约黄山旅游业发展的重要因素。

（二）地表径流与地下水

黄山风景区地表水系发育,以三大主峰为中心呈放射状分布,主要水系有逍遥溪、丞相源、石门源、丹霞溪、九龙溪等,一般长3—6km,切割深度500—1000m,溪流短小湍急,比降大,多为10—30%,属典型的山区河流。

根据黄山市水文分站近40年(1951—1990)的水文资料,黄山风景区年平均径流深1383.6 mm,年产地表水总量2.31亿 m^3。但地表水时空分布不均,最大年径流深(1954)为3110.7mm,是平均径流深的2.25倍,最小径流深(1978)为708.2mm,仅为平均径流深的二分之一。而且,年径流在年内分配也很不均匀,丰水期(4—8月)平均径流深829.4mm,枯水期(9月至次年3月)平均径流深只有472.4mm。由于黄山地形山高陡峭,山体多为花岗岩,节理非常发育,河床比降大,蓄水条件差,造成雨后径流暴涨暴落。

黄山风景区因地下水缺乏,生活饮用水主要靠地表水。水源来自桃花溪、丞相源、石门源、丹霞溪等。随着旅游事业的迅速发展,游客数量逐年增多,景区旅游、森林防火及植被灌溉等用水供需矛盾日益突出。

二、供水设施

黄山风景区现有供水设施可分为蓄水池、水库、拦河坝等类别,全山总库容428880 m³(表4-1)。按景区计算,温泉景区库容量最多,占全山的76.76%,玉屏景区库容量最少,仅占全山的0.89%。

表4-1　黄山风景区供水设施一览表

景区	蓄水池		水库		拦河坝		总库容
	数量(个)	库容(m³)	数量(个)	库容(m³)	数量(座)	库容(m³)	(m³)
温泉	10	2210	3	327000			329210
北海	8	2370	3	67000	2	2000	71370
玉屏	1	800	1	3000			3800
云谷	1	500	1	23000	1	1000	24500
合计	20	5880	8	420000	3	3000	428880

黄山风景区现有三个水净化厂,虎头岩水厂净化设施设计制水量7200 m³/d,天海水厂制水能力2500 m³/d,西海水厂制水能力2500 m³/d。

黄山风景区利用国家贷款项目,完成了提水供水生态消防系统工程的建设,该项目于2004年10月通过专家组验收,两年来系统运行安全可靠,情况良好。

黄山风景区提水供水生态消防系统工程以保护生态为目的,开源节流为原则,利用当地径流、地表水丰富的条件,在风景区山下适当地点修建水库,提水上山。

黄山风景区提水供水生态消防系统工程是一个有着现代科技含量的山岳风景区旅游、生态资源保护和森林公园防火水网体系,是一个以提水供水为核心,以输水管网为枢纽,集水源蓄水库、三个水净化厂、森林防火消防栓群、植被浇灌喷淋洒水枪群为一体的综合性大系统工程。采用分布式控制、工业以太网、光纤通信、检测与自动化装置等技术,对全系统进行监控调度,实行自动化管理。

提水工程由五里桥新二库提水至天海和玉屏楼水池。天海净水厂及配套工程为天海、光明顶、气象台、白鹅岭景点供水;西海净水厂及配套管网工程为西海、排云亭、北海景区供水。光明顶调节蓄水池工程可实现天海与西海两个水厂双向供水。

提水工程的实施,为景区消防管网的建设奠定了坚实的基础。在"森林防火接力水网工程"项目基础上,山上精华景区游道两侧建设了三条消防管网,在主要景点建设了接力水网。目前,黄山风景区防火水网工程正在建设。黄山防火水网工程的建设将进一步提高对森林火灾的预防及扑救能力,对景区生态环境及资源保护起到屏障式的作用。

黄山风景区提水供水生态消防系统运行稳定,安全可靠。不但可以满足游客及当地居民生活饮用水需求,而且彻底解决了山上旱季严重缺水现状,有利于干旱季节景区的森林防火、植被灌溉、环境保护与生态平衡。开辟了目前国内高山高扬程提水解决森林消防及植被灌溉用水的先河,成为高山景区生态环境保护工作的典范。

三、可供水量

黄山风景区现有供水设施的可供水量,按蓄水能力乘以复蓄指数计算求得。经统计分析,复蓄指数丰水年(保证率50%)为6;平水年(保证率75%)为4.5;枯水年(保证率95%)为3.5,则相应的可供水量分别为257.33万 m³、193万 m³ 和150.11万 m³。各景区可供水量详见表4-2。

表4-2 黄山风景区可供水量一览表

景区	保证率(%)	可供水量(万 m³)			
		水库	蓄水池	引水	合计
温泉	50	196.2	1.33		197.53
	75	147.15	0.99		148.14
	95	114.45	0.77		115.22
云谷	50	13.8	0.3	0.6	14.70
	75	10.35	0.23	0.45	11.03
	95	8.05	0.18	0.35	8.58
北海	50	40.2	1.42	1.2	42.82
	75	30.15	1.07	0.9	32.12
	95	23.45	0.83	0.7	24.98
玉屏	50	1.8	0.48		2.28
	75	1.35	0.36		1.71
	95	1.05	0.28		1.33
全区	50	252	3.53	1.8	257.33
	75	189	2.65	1.35	193.00
	95	147	2.06	1.05	150.11

由表4-2分析可知,四个景区的可供水量,玉屏最少,温泉最多,云谷与北海居中。

四、供水能力评价

(一) 用水量分析及人均用水指标

黄山风景区的用水量由三部分组成。其一,是来黄山游览观光的旅游者的用水量;其二,是职工、家属及临时工的用水量;其三,是消防、施工等其它公益事业的用水量。在供水设施及供水能力不变的条件下,人均用水指标直接影响到水资源承载力的估算,两者之间为反比关系。人均用水指标越高,则水资源承载力越低。但人均用水指标是随国家或地区旅游经济发展水平而变的一个变量。进入21世纪,随着国民经济的发展,旅游服务正向卫生、安全、舒适、方便和乐趣为一体的方向迈进,则人均用水量也会相应的提高。因此,考虑到黄山目前已达到的发展水平,以及不同消费者所需要的实际用水量,根据有关部门提供的数据,人均用水指标分为几个不同的等级。住宿游客,标准客房每张床位400升/人天,普通客房每张床位150升/人天;流动游客(不住宿游客)20升/人天;常住人口及职工150升/人天。

(二) 供水能力评价

在一定的条件下,风景区的可供水量是一定的。供水能力直接约束着接待能力。由于供水工程的兴建,受当地的地形、地质、水系、景观等因素的制约,在空间上不可能均匀地分布。因而不同景区的供水能力不同,相应的接待能力也不同。

1.总供水能力评价

黄山不同水文年的可供水量为:丰水年257.33万m³,平水年193万m³,枯水年150.11万m³。截至2004年底,全山职工及家属为2644人,基建临时工、服务员等为1723人,合计常住人口4367。根据2004年5月日平均客流量6795人次计算,黄山常住人口与流动人口共计11162人。在不同保证率下,黄山风景区的可供水量分别为:丰水年632升/人天,平水年474升/人天,枯水年368升/人天。因此,黄山全年的供水能力总体上可以满足游客及职工家属的用水需求。

2.景区供水能力评价

景区供水能力与供水设施的有效蓄水容积、复蓄指数、利用系数、连续无降水日数、常住人口与流动人口总数、床位利用率、人均用水指标等因素有关。前者可视为后面诸多因素的函数关系。

为了对景区供水能力进行全面的评价,可以设计几种不同的方案分别计算。例如,在有效蓄水容积、利用系数、连续无降水日数、人均用水指标一定的条件下,求每日可供水人数。或根据日平均客流量、旺季平均床位利用率、不同供水标准、可利用蓄水量,计算各景区可供水日数。或扩大蓄水数量,或调整供水标准……。然后,在不同条件下,计算各景区水量的供需平衡。

(1)供水人数

黄山四个游览区的有效蓄水容积分别为:温泉329210m³、云谷24500m³、北海71370m³、玉屏3800 m³。以利用系数60%、连续40日无雨计算,每日可供水量详见表4-3。为了简化计算,人均用水指标高山景区为60升/人日,低山景区为120升/人日。则每日可供水人数为:温泉41151人、云谷3062人、北海17842人、玉屏950人。由此可知,低山景区中,温泉景区的供水能力较强,云谷景区的供水能力较弱。高山景区中,北海景区的供水能力较强,玉屏景区的供水能力较弱。

表4-3　黄山各景区可供水人数

景　　区	温泉	云谷	北海	玉屏
蓄水容积(m^3)	329210	24500	71370	3800
日可供水量(m^3)	4938.15	367.5	1070.55	57
人均用水指标(升/人日)	120	120	60	60
日可供水人数(人/日)	41151	3062	17842	950

（2）供水时间

第一种计算方案,是考虑高山景区与低山景区采用不同的供水标准,而没有把住宿游客(标准床位、普通床位)、不住宿游客以及常住工作服务人员的用水标准分开,并且没有考虑各景区不同的客房住宿率。因此,其结果有一定的局限性。

为了结合实际情况,按人口构成制定不同的供水标准。根据2004—2005年客流量最旺月(5月)日平均客流量9005人次,各景区旺季平均床位利用率(2000－2005年平均)以及80％的利用系数,计算各景区可供水日数(表4-4)。

表4-4　黄山各景区可供水日数

景区	供水标准		日供水人次	日需水量	可利用蓄水量	可供水时间
		(升/人日)	(人次/日)	(m^3)	(m^3)	(日)
温泉	标准床位	400	204	81.6		
	普通床位	150	198	29.7		
	不住宿游客	20	8603	172.06		
	常住人口	150	3508	526.2		
	小计		12513	809.56	263368	325

景区	供水标准		日供水人次	日需水量	可利用蓄水量	可供水时间
云谷	标准床位	400	79	31.6		
	普通床位	150	0	0		
	不住宿游客	20	8926	178.52		
	常住人口	150	122	18.3		
	小计		9127	228.42	19600	85
北海	标准床位	400	642	256.8		
	普通床位	150	1342	201.3		
	不住宿游客	20	7021	140.42		
	常住人口	150	675	101.25		
	小计		9680	699.77	57096	81
玉屏	标准床位	400	37	14.8		
	普通床位	150	123	18.45		
	不住宿游客	20	8845	176.9		
	常住人口	150	62	9.3		
	小计		9067	219.45	3040	13

表4-4表明,温泉景区可供水时间最长,高达325日,即可持续供水10个月有余。云谷景区可连续供水85天(约一季度)。北海景区可供水81天(2个月有余)。玉屏景区可供水时间为13天(不足半个月)。由此可知,玉屏景区是黄山水资源承载能力最小的景区。

(3)供水标准

上述计算结果表明,高山精华景区中,北海景区的可供水时间较长,玉屏景区的可供水时间较短。改变玉屏景区用水紧张状况的出路在于开源节流。开源即开展新增水源工程的建设,增加供水设施,扩大蓄水量,提高供水能力。目前,温泉景区的蓄水量可借助于提水工程,向玉屏楼水池调水。节流即节约用水,主要有两种办法,其一是不设住宿点,其二是调整供水标准(表4-5)。

表4-5 黄山玉屏景区供水能力评价

方案	供水标准 (升/人日)		日供水人次 (人次/日)	日需水量 (m³)	可利用蓄水量 (m³)	可供水时间 (日)
一	不住宿游客	20	9005	180.1		
	工作人员	150	62	9.3		
	小 计		9067	189.4	3040	16
二	标准床位	100	37	3.7		
	普通床位	50	123	6.15		
	不住宿游客	10	8845	88.45		
	工作人员	50	62	3.1		
	小 计		9067	101.4	3040	29

表4-5反映出玉屏景区若采取节流措施,可供水时间延长的两种情况。方案一,采取景区内不设住宿点方法,可供水时间延至16日。方案二,调整供水标准,则可供水时间将延至29日(约1个月)。

(4)供需平衡

为了对黄山风景区水资源承载能力有一个全面的了解,现分别计算不同保证率下全山各景区水的供需平衡。首先按两种方案计算各景区的年需水量。第一方案是采用2000—2005年各景区平均床位利用率、2004—2005年日平均客流量(4535人次)以及舒适型供水标准(标准床位400升/人日、普通床位150升/人日、不住宿游客20升/人日、工作人员150升/人日)分别计算各类人员的日需水量,另加10%的消防及其它用水,求出各景区日需水量和年需水量(表4-6)。

第二方案是采用2000—2005年各景区淡旺季平均床位利用率、2004—2005年淡季日平均客流量(1870人次)和旺季日平均客流量(6416人次),供水标准以及消防等用水比例同方案一,先计算淡、旺季需水量(表4-7、表4-8)再求出年需水量。然后,根据两种方案的年需水量,计算各景区水量的供需平衡(表4-9)。

对比分析上述两种方案的计算结果可以看出,低山景区(温泉、云谷景区)在不同保证率下供水能力均有富余。高山景区中的北海景区,不同水文年都能保证正常供水。而玉屏景区平水年缺水3.21—3.26万 m^3,枯水年缺水3.59—3.64万 m^3,丰水年缺水2.64—2.69万 m^3。因此,玉屏景区近期应严格控制住宿人数(远期不设住宿点)和用水标准,以保证旅游活动的正常开展。

表4-6 黄山各景区年需水量

景区	住宿游客需水量(m^3)		不住宿游客需水量(m^3)	常住人口需水量(m^3)	需水量小计(m^3)	其它需水量(m^3)	日需水量(m^3)	年需水量(万m^3)
	标准床位	普通床位						
温泉	58.8	21.3	84.92	526.2	691.22	69.12	760.34	27.75
云谷	22	0	89.6	18.3	129.9	12.99	142.89	5.22
北海	176.8	138.6	63.38	101.25	480.03	48	528.03	19.27
玉屏	11.6	14.7	88.16	9.3	123.76	12.38	136.14	4.97
全区	269.2	174.6	326.06	655.05	1424.91	142.49	1567.4	57.21

表4-7　黄山各景区淡季需水量

景区	住宿游客需水量(m³)		不住宿游客需水量(m³)	常住人口需水量(m³)	需水量小计(m³)	其它需水量(m³)	日需水量(m³)	年需水量(万m³)
	标准床位	普通床位						
温泉	36	13.05	33.86	526.2	609.11	60.91	670.02	10.12
云谷	4	0	37.2	18.3	59.5	5.95	65.45	0.99
北海	96.8	75.9	22.44	101.25	296.39	29.64	326.03	4.92
玉屏	6	7.8	36.06	9.3	59.16	5.92	65.08	0.98
全区	142.8	96.75	129.56	655.05	1024.16	102.42	1126.58	17.01

表4-8　黄山各景区旺季需水量

景区	住宿游客需水量(m³)		不住宿游客需水量(m³)	常住人口需水量(m³)	需水量小计(m³)	其它需水量(m³)	日需水量(m³)	年需水量(万m³)
	标准床位	普通床位						
温泉	81.2	29.55	120.32	526.2	757.27	75.73	833	17.83
云谷	31.6	0	126.74	18.3	176.64	17.66	194.3	4.16
北海	256.8	201.15	88.66	101.25	647.86	64.79	712.65	15.25
玉屏	14.8	18.3	125.14	9.3	167.54	16.75	184.29	3.94
全区	384.4	249	460.86	655.05	1749.31	174.93	1924.24	41.18

表4-9　黄山风景区水量供需平衡

景区	保证率(%)	供水量(万m³)	需水量(万m³)		供需平衡(万m³)			
			方案一	方案二	方案一余	方案二余	方案一缺	方案二缺
温泉	50	197.53			169.78	169.58		
	75	148.14	27.75	27.95	120.39	120.19		
	95	115.22			87.47	87.27		

续表

景区	保证率（%）	供水量（万 m³）	需水量（万 m³）		供需平衡（万 m³）			
			方案一	方案二	方案一余	方案二余	方案一缺	方案二缺
云谷	50	14.7			9.48	9.55		
	75	11.03	5.22	5.15	5.81	5.88		
	95	8.58			3.36	3.43		
北海	50	42.82			23.55	22.65		
	75	32.12	19.27	20.17	12.85	11.95		
	95	24.98			5.71	4.81		
玉屏	50	2.28					2.69	2.64
	75	1.71	4.97	4.92			3.26	3.21
	95	1.33					3.64	3.59

虽然黄山风景区提水供水生态消防系统可以从温泉景区向玉屏景区、北海景区调水。但在不同季节，可调水能力亦不相同。在梅雨季节，可供水能力较强；在干旱季节，可供水能力较弱。如持续2—3个月无降水，则黄山风景区需要实行分区定时定量供水调度应急机制。

综上所述，风景区水资源承载力主要与供水设施的供水能力以及各类人员的用水指标有关。在供水设施不变的条件下，供水能力越强，水资源承载能力亦越强。在人口构成不变的情况下，用水指标越高，则水资源承载能力越低。因此，必须采取有效措施，提高水资源承载力。如增加蓄水工程建设，采用多种节约用水方法，在不同景区、不同水文年、不同季节采用不同的供水标准，在缺水地区，不宜建旅游接待中心等等。此外，还应在风景区建立中长期降水预报，对蓄水量进行动态观测，对供用水实行宏观控制。

第二节 住宿承载力

一、接待规模

黄山自1979年以来,大力加强旅游基础设施建设,逐步改善内外部的住宿交通环境,逐渐形成了外向型的旅游机制,使黄山风景区旅游业得到迅猛发展。截至2005年底,全区共有各类档次的宾馆、饭店、招待所22个,其中涉外饭店6个,总接待床位4667张(表4-10)。其中北海景区3182张,占68.18%,玉屏景区249张,占5.33%,温泉景区1042张,占22.33%,云谷景区194张,占4.16%。

表4-10 黄山风景区住宿设施一览表

景区	名 称	客房数(间)	床位数(张)	餐位数(个)	备 注
北海	北海宾馆	221	746	400	三星级饭店(涉外)
	西海饭店	125	250	220	涉外饭店
	西海山庄	99	418	300	
	狮林饭店	142	359	400	
	排云楼宾馆	83	444	160	
	白云宾馆	56	256	150	
	天海山庄		148	70	
	白鹅山庄	30	220	100	
	光明顶山庄	18	225	110	
	天海招待所	16	116	110	
	小计	790	3182	2020	

景区	名　称	客房数(间)	床位数(张)	餐位数(个)	备　注
玉屏	玉屏楼宾馆	51	213	200	涉外饭店
	半山寺招待所		36	40	
	小计	51	249	240	
温泉	桃源宾馆	138	271	470	三星级饭店（涉外）
	温泉大酒店	57	112	150	
	黄山宾馆	83	202	180	二星级饭店（涉外）
	黄山干疗	47	94	100	
	黄山工疗	64	128	100	
	双溪宾馆	36	79		
	邮电招待所	16	36	110	
	交警招待所	20	40		
	轩辕饭店		80	140	
	小计	461	1042	1250	
云谷	云谷山庄	98	194	130	三星级饭店（涉外）
	小计	98	194	130	
全区	合计	1400	4667	3640	

注:统计资料截至2005年。

黄山风景区的住宿承载力在接待规模上有两个显著特点。

1. 全年候与季节性并存

黄山风景区内22个接待单位(宾馆、饭店、招待所)分布在云谷、温泉、玉屏、北海4个景区,由于受其自身所处的地理位置、接待服务设施、管理经营方法等因素的影响,出现了常年营业与季节性经营并存的局面。

全区13家宾馆、饭店中有星级者4个(二星级1个、三星级3

个),无星级者9个,涉外饭店6个。这些宾馆、饭店地理位置优越,易于观景赏玩,标准间多,普通客房少,并配有中央空调或冷暖空调。旺季时游客爆满,淡季时游客不断,呈现出常年迎客的兴旺景象。这是黄山对外接待的主体,床位3624张,占77.65%。

此外,还有9家招待所(疗养院)等,大多数归属于各驻山单位。其中有的地处僻静幽郁的林中,远离游览步道;有的所在景区功能未能得到充分地发挥。这些招待所住宿档次较低,标准间少,普通客房多,甚至增有高低铺。旺季时缓解了景区游客住宿紧张的局面,淡季时(1—3、11—12月)几乎无人投宿。正常营业时间为4—10月,表现出季节性营业的性质。床位1043张,占22.35%。

2.高中低档均有

黄山风景区接待住宿条件好,类型多样,档次齐全。一般可分成三种类型:标准间类、普通客房类和高低铺类。每一类中根据住宿标准的不同,还可进一步分成几个等级。如标准间类有高级的套房,配有中央空调或冷暖空调的客房,以及仅有卫生间的2人间。普通客房类中有单间、2人间、3人间、4人间、8人间、10人间等,其中以2人间、4人间、8人间居多。高低铺类有带卫生间的4人间。这些不同等级的床位可以满足不同层次消费者的住宿需求(表4-11)。

表4-11 黄山风景区不同等级床位数

景区	名　　称	I	II	III	IV	合计
北海	北海宾馆	296	20	300	130	746
	西海饭店	240	10			250
	西海山庄	116	2	200	100	418
	狮林饭店	244	22		93	359
	排云楼宾馆	80	86	78	200	444

续表

景区	名　称	Ⅰ	Ⅱ	Ⅲ	Ⅳ	合计
北海	白云宾馆	50	52	74	80	256
	天海山庄			52	96	148
	白鹅山庄	20		120	80	220
	光明顶山庄	20		96	109	225
	天海招待所	4		80	32	116
	小计	1070	192	1000	920	3182
玉屏	玉屏楼宾馆	58	37	54	64	213
	半山寺招待所				36	36
	小计	58	37	54	100	249
温泉	桃源宾馆	260	11			271
	温泉大酒店	110	2			112
	黄山宾馆	152	9	41		202
	黄山干疗	90	4			94
	黄山工疗	128				128
	双溪宾馆	22	42		15	79
	邮电招待所	22	14			36
	交警招待所	40				40
	轩辕饭店	80				80
	小计	904	82	41	15	1042
云谷	云谷山庄	194				194
	小计	194				194
	合计	2226	311	1095	1035	4667

注:统计资料截至2005年底

床位等级标准:Ⅰ级:标准间;Ⅱ级:单间、套间、三人间;Ⅲ级:独卫、平铺;Ⅳ级:高低铺、经济房。

二、客流住宿分布研究

接待人数与接待能力之间的比例关系是旅游业的最基本比例关系。客房利用率是实际接待住宿人夜数与核定接待住宿人夜数之比。客流住宿分布的系统研究可以比较准确地反映这种供求比例关系是否协调合理,为有计划地开拓客源市场,进行旅游设施的建设,提高旅游设施的利用率,促进旅游业持续稳步地发展,提供科学的依据。

(一)客流住宿分布的基本特点

1. 住宿游客者渐少

在黄山风景区未建索道时,游客登山全靠步行,游览时间较长,体力消耗较大,一般都要在山上住宿一夜。1986年云谷索道投入运营,为游客"山上游,山下住"提供了方便。1996年玉屏索道,1997年太平索道相继开通,游客大多数乘缆车上下山,加快了客流周转的速度,住宿游客逐渐减少,一日游者增多(表4-12)。

表4-12 黄山高山景区接待住宿人次

年份	客流总量(人次)	高山景区接待住宿人次	住宿人次(%)	一日游(%)
1987	656043	569603	86.82	13.18
1988	504454	329062	65.23	34.77
1994	783778	379732	48.45	51.55
1996	847267	302079	35.65	64.35
1997	1078382	296644	27.51	72.49
2000	1172871	221849	18.92	81.08
2001	1344194	299839	22.31	77.69

续表

年份	客流总量(人次)	高山景区接待住宿人次	住宿人次(%)	一日游(%)
2002	1354834	232236	17.14	82.86
2003	1038352	210757	20.30	79.70
2004	1601868	474624	29.63	70.37

表4-12基本反映了近20年来高山景区住宿人次的变化情况。当客流总量由1987年的65.6万人次增加至1997年的107.8万人次,高山景区接待住宿人次从56.9万人次减少到29.6万人次,住宿游客占客流总量的比例从86.82％降至27.51％,一日游者从13.18％增至72.94％。据2000－2004年的统计资料分析,在客流总量、高山景区接待住宿人次、住宿人次占客流总量百分比、一日游占客流总量百分比方面均呈现出波动起伏的变化。当客流总量从2000年117.2万人次波动至2004年的160万人次,高山景区接待住宿人次从22.1万人次变化至47.4万人次,住宿游客占客流总量百分比从18.92％逐渐发展到29.63％,一日游占客流总量的比例在70％－83％之间徘徊。但是,就1987－2004年高山景区住宿接待人次的发展变化情况进行分析,尽管住宿人次比例大幅度下降,一日游比例大幅度上升。由于客流总量在约20年内增加近100万人次,所以,2004年高山景区住宿接待人次(474624人次)超过了1987－1988年的平均值(449332人次)。因此,在客流总量持续增长,住宿比例大幅降低的前提下,高山景区的住宿需求依然旺盛,住宿接待压力并未减轻。在旅游旺季,尤其是黄金周、双休日和暑假,山上床位还是"一张"难求。

2. 留宿一夜者多

为了分析住宿游客中,住一宿游客所占的比例,笔者将2004年黄山风景区10家宾馆、饭店(约占总接待床位70%)住宿人数与住宿人夜数进行了统计,计算结果详见表4-13。

表 4-13　黄山风景区接待住宿人数与人夜数之比

| 景区 | 单位名称 | 接待住宿人数 | | | 接待住宿人夜数 | | | 总人数比总人夜数 | 内宾人数比内宾人夜数 | 外宾人数比外宾人夜数 |
		小计	内宾	外宾	小计	内宾	外宾			
云谷	云谷山庄	16185	13360	2825	16746	13847	2899	1:1.03	1:1.04	1:1.03
	北海宾馆	130315	112247	18068	132145	113859	18286	1:1.01	1:1.01	1:1.01
	西海饭店	43413	25707	17706	46176	26137	20039	1:1.06	1:1.02	1:1.13
	西海山庄	94507	93061	1446	94922	93149	1671	1:1.004	1:1.0009	1:1.16
北海	狮林饭店	52120	20223	31897	52120	20223	31897	1:1	1:1	1:1
	排云楼宾馆	75829	73169	2660	75829	73169	2660	1:1	1:1	1:1
	白云宾馆	39922	39167	755	39922	39167	755	1:1	1:1	1:1
	小计	436106	363574	72532	441114	365704	75308	1:1.01	1:1.006	1:1.04
玉屏	玉屏楼宾馆	38518	34915	3603	38518	34915	3603	1:1	1:1	1:1
	桃源宾馆	28165	22160	6005	28742	22613	6129	1:1.02	1:1.02	1:1.02
温泉	温泉大酒店	10191	9980	211	10356	10112	244	1:1.02	1:1.01	1:1.16
	小计	38356	32140	6216	39098	32725	6373	1:1.02	1:1.02	1:1.03
全区		529165	443989	85176	535476	447191	88183	1:1.01	1:1.007	1:1.04

由表4-13可知，住宿游客中内宾为主，占83.9%（44.3万人次）；外宾为辅，占16.1%（8.5万人次）。全区住宿人数与人夜数之比为1:1.01。即住一宿的人数多，约占98.8%，住宿大于一夜者仅占1.2%。而且，住宿人数与人夜数之比在各个景区也不相同。云谷为1:1.03，高于全区比例；北海为1:1.01，与全区相当；玉屏为1:1，即全为住一宿者；温泉为1:1.02，比全区略高。从内、外宾住宿人数与人夜数的比例分析，除云谷景区内宾大于外宾，玉屏景区比例相同外，北海、温泉及全区均为外宾住宿人数与人夜数之比大于内宾住宿人数与人夜数之比，这说明外宾住一宿以上者多。

(二)客流住宿分布的总体变化规律

1. 波动性

为了摸清全区客房利用率总体变化规律，在普查的基础上，采用典型抽样调查方法，选取样本量大（接待床位占70%），有代表性（各景区都有，档次齐全），统计资料完整、全面、系统的10家宾馆、饭店，将2000—2005年的客房利用率计算列于表4-14。

表4-14 黄山风景区月平均床位利用率(%)

年	1	2	3	4	5	6	7	8	9	10	11	12	年平均
2000	2.32	11.06	21.07	50.86	65.47	38.11	64.89	62.16	61.33	57.08	24.89	0	38.27
2001	20.13	13.47	30.79	59.99	58.85	44.21	63.25	66.61	53.29	61.18	31.15	16.42	43.28
2002	11.69	20.14	32.89	61.61	62.31	42.31	62.94	67.49	61.62	59.08	32.9	14.99	44.16
2003	9.57	27.6	24.59	28.66	1.49	4.11	38.21	54.85	46.77	53.47	33.04	17.16	28.29
2004	13.6	6.83	29.77	52.00	49.68	42.37	75.59	71.84	50.47	65.26	36.9	16.3	42.55
2005	16.26	24.64	36.1	70.38	77.71	59.28	69.05	69.79	66.87	76.42	27.45	10.45	50.37
月平均	12.26	17.29	29.2	53.92	52.59	38.4	62.32	65.46	56.73	62.08	31.06	12.55	41.16

由表4-14可知,床位利用率在年内各月的分布极不均衡。最大达77.71%(2005.5),最小为2.32(2000.1)。

现按2000—2005年分年度以及6年累计总平均床位利用率分别绘于图4-1与图4-2。

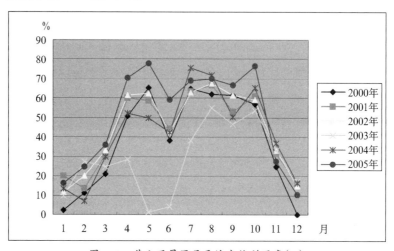

图4-1 黄山风景区月平均床位利用率(%)

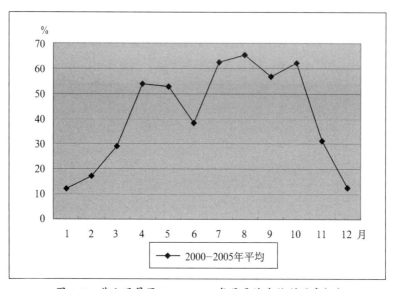

图4-2 黄山风景区2000—2005年月平均床位利用率(%)

由图4-1、图4-2可见,床位利用率变化曲线是一条明显的波状曲线。它反映了旅游业易受多方面因素影响,经常会出现一种不均衡、不稳定状态的波动性特点。

总体上看,床位利用率变化曲线为三峰两谷的波状曲线。一般第一波峰集中在每年的5月,最高77.71%(2005年),最低1.49%(2003年"非典")。第二、第三波峰分别出现在每年的7—8月、10月。而波谷则出现在每年的6月与9月。

2. 季节性

由于旅游业的经营活动是建立在一定的旅游资源基础上的,而有些旅游资源却要受自然条件的影响,在一定的季节,有些旅游资源对游客的吸引力较强,有的则较弱。所以旅游业的业务经营活动呈现出较强的季节性特点。从2000—2005年月平均床位利用率(表4-14)的变化中可以清晰地看出这一特点。1—3月,床位利用率12.26%—29.2%,4月床位利用率53.92%。这说明3月与4月之间床位利用率的变化。同样,在10月与11月之间也存在着一个明显的分界,平均相差30.02%。与此相反,4月—10月平均床位率的变化基本表现为一个波动渐变的过程,除了6月份较低外,其余各月在50—70%之间徘徊。因此,完全有理由将1—3月与11—12月划为旅游淡季,4—10月作为旅游旺季。

黄山风景区2000—2005年淡、旺季、年平均床位利用率详见表4-15。

表4-15　黄山风景区淡季、旺季、年平均床位利用率(%)

年	淡　季	旺　季	年平均
2000	11.87	57.13	38.27
2001	22.39	58.20	43.28
2002	22.52	59.62	44.16

年	淡　季	旺　季	年平均
2003	22.39	32.51	28.29
2004	20.68	58.17	42.55
2005	22.98	69.93	50.37
总平均	20.47	55.93	41.16

由表4-15可见,淡季床位利用率最低11.87%(2000年),最高22.98%(2005年),平均20.47%。旺季床位利用率最低32.51%(2003年"非典"),最高69.93%(2005年),平均55.93%。年平均床位利用率最低28.29%(2003年),最高50.37%(2005年),平均41.16%。这一连串的统计数字,为评价黄山风景区住宿接待能力提供了科学的依据。总体上看,住宿接待能力超过客流量(住宿人数)的需求,应想方设法扩大客源(住宿人数),缩短淡季和旺季的差距,提高住宿设施的利用率,争取全年获得较均衡的经济效益。

(三) 客流住宿分布的区域性

虽然,全区年平均客房利用率不高,仅为41.16%(2000—2005年平均)。但在旅游旺季,精华景区都"人满为患",住宿床位紧张,客房供不应求。

各景区淡、旺季、年平均床位利用率(表4-16)清楚地反映了各景区客流住宿分布的差异。淡季,北海景区与玉屏、温泉景区相近,而云谷景区偏低。但在旺季,北海、玉屏景区床位利用率明显高于温泉、云谷景区,两者相差约20%。因此,使风景区内旅游热点、温点和冷点有机的结合,提高各景区的床位利用率,将导致全区综合接待能力有很大的提高。

表4-16　黄山各景区淡季、旺季、年平均床位利用率(%)

景 区	淡 季	旺 季	年平均
北 海	23.54	62.34	42.94
玉 屏	27.30	64.23	51.52
温 泉	17.04	38.56	27.80
云 谷	5.16	40.79	28.58
全 区	18.26	51.48	37.71

注:2000—2005年平均。

2000－2005年,黄山风景区客流住宿分布的基本情况见表4-17。

表4-17　黄山风景区旅游饭店床位利用率(%)

景 区	饭店名称	2000	2001	2002	2003	2004	2005
北 海	北海宾馆	53.70	41.16	35.97	37.60	44.60	54.81
	西海饭店	44.44	42.80	61.90	39.03	50.10	72.00
	狮林饭店	58.50	54.00	67.00	33.89	41.60	76.00
	排云楼宾馆	52.21	47.25	45.22	33.90	62.10	50.31
	白云宾馆	43.00	37.00	48.59	28.60	41.50	57.64
玉 屏	玉屏楼宾馆	52.00	43.50	62.30	36.50	52.80	62.00
高山景区	平　均	50.64	44.29	53.50	34.92	48.78	62.13
温 泉	桃源宾馆	27.00	63.20	58.00	33.00	42.20	56.00
	温泉大酒店	33.72	38.50	28.27	22.20	25.60	24.64
	黄山宾馆	30.00	30.00	23.00	21.20	21.04	18.93
云 谷	云谷山庄	28.00	35.00	39.21	18.20	22.50	32.90
低山景区	平　均	29.68	41.68	37.12	23.65	27.84	33.12
全 区	平　均	40.16	42.99	45.31	29.29	38.31	47.63

资料来源:2000－2005年10家饭店统计资料。

根据表4-17分析,可以看出以下特点。第一,高山、低山景区的床位利用率,在不同年份明显不同,有时两者差别较大(2005),

有时两者比较接近(2001)。第二,在高山景区或低山景区内,不同宾馆(饭店)其床位出租率亦不尽相同。如狮林饭店高达76%(2005),桃源宾馆高至63.2%(2001)。在2003年,白云宾馆低达28.6%,云谷山庄低至18.2%。

(四) 影响客流住宿分布的主要因素

旅游市场变化受政治、经济、气候、景区分布以及旅游者的旅游动机和一个时期的旅游倾向性等多方面因素的影响,经常会出现不稳定的状态。同样,客流住宿分布变化受各种主客观、内外部因素的影响也会出现波动状态。经统计分析,影响客流住宿分布的主要因素有以下几点:

1.政治局势稳定,旅游市场繁荣,客流住宿分布集中,床位利用率高。如1992年平均床位利用率达65.75%,比4年总平均床位利用率(53.46%)高12.29%。而1991年与1994年分别受"6・4事件"和"3・31事件"的影响,游客骤减,年平均床位利用率不足50%,低于4年总平均床位利用率约5%。

2.经济发展,时间充裕,刺激旅游消费。近年来,人们物质生活富裕,又有了比较集中的空闲时间,如双休日、节假日等。于是便追求一种娱乐性和享受性的精神消费。据统计,这几年的"五一"与"十一",山上游客骤增,各宾馆、饭店满负荷,甚至超载,旅游热点地区确实"人满为患"。1999年春节期间,黄山风景区出现了前所未有的冬季旅游热潮。正月初四日客流量(5657人次)已超过1998年5月日平均客流量(5257人次)。

3.气候变化,使旅游业具有明显的季节性。在旅游淡季、旅游者人数骤减,月平均床位利用率(2000—2005年平均)低至20.47%;在旅游旺季,旅游者人数骤增,高山景区月平均床位利用率(2000－2005年平均)高达55.93％。皖南山区的霉雨季节,也会冲淡旅游者的游兴,一般在6月会出现旺季中的淡季(38.4％)。

4. 旅游资源因地而异,不同景区对旅游者的吸引力差别很大,因此便形成了客流住宿分布不均衡的区域性特点。

5. 不同档次客房,床位利用率不同。如云谷景区有两间豪华型套房。据调查,客房利用率约为1.67％(年平均),而标准客房利用率则要高得,多年平均(2000－2005)超过29.3％。

三、住宿承载力的估算

住宿承载力是指旅游宾馆、饭店可以接待住宿游客的承受能力。为了进一步从全体与局部、宏观与微观的角度估算住宿承载能力,将住宿接待容量划分为总体接待容量、景区接待容量和等级接待容量三个层次。

1. 总体接待容量

全山总体接待容量以总接待床位数表示,即每日可接待住宿游客4667人。每月(以30天计)可接待住宿游客14万人次,每年可接待住宿游客170.3万人次(以客房利用率100％计)。由于客流住宿分布的季节性特点,年平均床位利用率很难达到100％。现按不同客房利用率估算全山总体接待容量(表4-18)。

表4-18　黄山风景区住宿接待能力估算

方　案	一	二	三	四
客房利用率(%)	41.16	50	60	70
总体容量(人次)	701142	851727	1022073	1192418
比第一方案多容纳人次		150585	320931	491276

注:以2005年床位数为基数。

由表4-18可见,以不同客房利用率估算(方案一:2000－2005年平均。方案二:按50％。方案三:按60％。方案四:按70％。),全山可容纳的住宿游客数相差很大。最少仅能容纳70.11万人(方案一),最多可容纳119.24万人(方案四),两者相差约49.12万人。其中方案二、三分别比方案一多容纳15.05万人和32.09万人。从总体容量看,全山住宿承载能力尚未得到充分发挥。还应不断开拓客源市场,吸引住宿游客,提高床位利用率,以取得最佳经济效益。

2.景区接待容量

尽管全山住宿承载能力还有很大潜力,但由于客流住宿分布的区域性、季节性和周期性,导致在一定的时间,有的景区住宿满负荷,甚至超负荷;有的景区住宿人较少,客房利用率很低。现按两个方案对比:①各景区2000－2005年平均客房利用率,②各景区淡季客房利用率为50％,旺季客房利用率为90％,分别估算景区接待容量(表4-19)。

表4-19　黄山各景区住宿接待容量估算

景区	方案一	方案二	可增加住宿人次
北海	498718	851676	352958
玉屏	46823	66645	19822
温泉	105731	278895	173164
云谷	20237	51924	31687
全区	642372	1249143	606771

注:以2005年床位数为基数。

表4-19显示,方案二比方案一全山可以多接待住宿游客60.67万人。分景区看,北海景区旺季有时需要实行客源分流,把客房利用率控制在100％以内。淡季床位利用率应提高到50％,

则全年可以多接待35.29万人。云谷、玉屏、温泉景区淡旺季客房利用率也都要相应提高,以充分发挥接待服务设施的作用,则接待住宿人数将在原有基础上(方案一)大幅度增加。值得注意的是,景区合理的接待容量是在扩大淡季住宿游客人数,控制旺季客房利用率不超过100%的基础上估算的,旨在充分发挥各景区的住宿承载能力,缩短淡旺季的差距,使景区接待容量均衡发展,达到提高综合接待能力的目的。若将北海景区可增加接待住宿人数全部集中到旺季,则景区内的旅游宾馆、饭店必将"人满为患"。因此,只有使客流有序、均衡流动,才能取得社会、经济、环境效益的统一。

3.等级接待容量

为满足不同层次消费水平旅游者的需要,床位等级相应不同(表4-20),因此等级接待容量也不同。

表4-20　黄山各景区接待床位等级

景区	标准客房床位数	占景区床位数(%)	普通客房床位数	占景区床位数(%)	景区床位数	占总床位数(%)
北海	1030	32.37	2152	67.63	3182	68.18
玉屏	58	23.29	191	76.71	249	5.34
温泉	529	50.77	513	49.23	1042	22.33
云谷	194	100	0	0	194	4.16
全区	1811	38.8	2856	61.2	4667	100

注:以2005年床位数为基数。

由表4-20可知,四个景区接待床位分别占总接待床位的比例,以及每个景区标准床位与普通床位占各景区接待床位的比例。在现有床位分级基础上,按年平均客房利用率70%(方案一)和淡季床位利用率50%、旺季床位利用率100%(方案二)估算全山等级接待容量,温泉、云谷、北海、玉屏景区的等级容量详见表4-21。

表4-21　黄山各景区不同等级接待容量估算

景区	标准床位接待容量		普通床位接待容量		合　计	
	方案一	方案二	方案一	方案二	方案一	方案二
北海	263165	300760	549836	628384	813001	929144
玉屏	14819	16936	48800	55772	63619	72708
温泉	135159	154468	131071	149796	266230	304264
云谷	49567	56648	0	0	49567	56648
全区	462710	528812	729708	833952	1192418	1362764

注:以2005年床位数为基数。

由表4-21可见,按方案一估算,全山标准床位接待容量46.27万人,普通床位接待容量72.97万人,总接待容量119.24万人。以方案二估算,则接待容量分别增加到52.88万人(标准床位)、83.39万人(普通床位)以及136.27万人(总床位)。

在景区接待容量中,不同等级容量应有一个合适的比例,这样既能满足不同层次消费者的旅游需求,又能提高旅游设施(床位)的利用率。温泉、北海、玉屏景区标准床位与普通床位都有一定的比例(表4-20),而云谷景区的等级接待容量没有显示出层次性,仅有高档标准间,没有中低档普通床位。考虑到旅游者住宿需求的不同档次与等级,可以适当建设一定数量的中低档床位,以满足这一层次旅游者的消费需求。

四、预测及对策

从住宿承载能力单方面分析,全山住宿容量还有很大的潜力。随着客流量的逐年递增,客房利用率也应力求近期从年均41.16%

增至50%－60%，期望在远期达到70%－80%。则景区内住宿游客可能从70.11万人增至85.17－102.21万人，甚至达到119.24－136.27万人。上述住宿容量是在2005年4667张床位的基础上作出的预测。如果住宿接待设施的数量发生变化，则住宿容量也会相应地发生变化。根据《黄山风景名胜区总体规划》，住宿接待设施将分别面临保留、改造、重建、撤除和新建的情况。最终，在规划远期黄山风景区内将达到1713张床位。若按客房利用率100%计，则可以接待住宿游客62.52万人。

目前，虽然总体住宿接待容量尚未达到饱和，但在旺季高山景区，尤其是黄金周、双休日和暑假，北海、玉屏景区经常处于过饱和状态，景区接待容量严重超负荷。据预测，总客流量将会逐年增加，住宿游客也会相应增加。若增加的住宿游客都集中到北海景区，则将会出现严重的供不应求状况。若在北海景区增建宾馆、饭店，扩大接待容量，显然不行。因为高山景区基本没有可供建筑的土地容量。因此，必须采取合理有效的调控措施，切实解决好供求矛盾。主要措施有：1.实行总量控制（严格控制北海与玉屏景区的住宿人数），搞好客运平衡，缩短不同景区客源的差距；2.床位等级配套，平衡淡季、旺季差别；3.交通、住宿协调，引导客源分流，尽量吸引游客"山上游，山下住"。4.玉屏景区不设游客住宿点（远期）。

第五章　旅游用地容量

旅游用地承载力主要研究风景名胜区(特种用地区)内的土地利用现状,旅游用地种类与结构,对各景区游憩用地、旅游接待服务设施用地、旅游管理用地进行分析与评价。

第一节　土地利用现状

一、用地分区类型

根据土地利用方向和土地资源特点,一般将不同的用地区划分为以下几种类型(表5-1)。

表5-1　用地分区类型简表

类　　型	用于农业生产或准备由于农业生产的区域
农业用地区	用于果园、桑园、茶园及其他园地和准备用于这些园地的区域
林业用地区	用于林业或准备用于林业的区域
牧业用地区	用于牧业或准备用于牧业的区域
建设用地区	指非农业建设用地区域,包括城镇区、乡村区、工矿区
水　　域	指自然和人工水域以及兴建的水库等取水用地区
特种用地区	指风景名胜区、文物保护区、自然保护区、军事用地区等

由表5-1可知,风景名胜区应归属于特种用地区。然而,风景资源是以景物环境为载体,所以在风景名胜区内往往还有林业用地区或水域等其它的用地分区类型。就黄山风景名胜区而言,优美的自然环境离不开葱郁林木、飞瀑流泉。四绝之首的奇松是林业用地区的杰作,清澈甘醇、可饮可浴的黄山温泉则是天下温泉中的珍品。黄山风景名胜区是以林业用地区为主、水域为次的特种用地区。

二、土地利用结构

在黄山风景区规划面积160.6平方公里中,林地15063.8公顷,占93.82%;水域127.6公顷,占0.79%;游览设施用地28.4公顷,占0.17%;裸岩713.9公顷,占4.45%。黄山风景区土地利用现状详见表5-2。

表5-2 黄山风景区土地利用现状

用地名称	土地面积(公顷)	占总面积(%)
风景游赏用地	6.7	0.04
游览设施用地	28.4	0.17
居民社会用地	38.6	0.24
交通与工程用地	24.0	0.15
林　地	15063.8	93.82
园　地	53.2	0.33
耕　地	0	0
草　地	0	0
水　域	127.6	0.79
裸　岩	713.9	4.45
合　计	16058.2	100

资料来源:黄山风景名胜区总体规划(2004—2025)。

根据黄山风景区森林资源规划设计调查报告,在国有土地面积12780公顷中,有林地面积12188.3公顷。其中,乔木林12068.5公顷;竹林119.8公顷。按一级林种分,均为重点特种用途林。按二级林种分,风景林3703.7公顷,占30.4%;自然保护区林8484.6公顷,占69.6%。黄山风景区植被覆盖率为93%,森林覆盖率84.7%。

三、旅游用地种类与结构

黄山风景区旅游开发用地可以分为三类。第一类用地是为了满足旅游者游览观赏的需求的游憩用地;第二类用地是全方位接待服务的需要的旅游接待服务设施用地;第三类用地是风景区综合管理的需要的旅游管理用地(表5-3)。

表5-3　旅游用地种类与结构

游憩用地	旅游接待服务设施用地	旅游管理用地
观景点用地	旅游交通运输用地	风景名胜管理结构用地
游览路线用地	旅游旅馆用地	常住人口生活用地
游览中继点用地	旅游商店和零售网点用地	科研环保用地
公共厕所用地	旅游基础设施用地	文化设施用地

黄山风景区旅游用地按国有土地使用期限可以划分为永久性用地与临时性用地两类。宾馆、饭店、商店、蓄水池、水库、气象台、广播电视转播台等属于永久用地。竹木房、工棚、仓库等为临时用地。黄山风景区永久性用地18.24万平方米,其中建筑占地6.92万平方米。临时性用地6.29万平方米,其中建筑占地1.76万平方米。全区总共用地24.53万平方米,其中建筑用地8.68万平方米。

永久用地、临时用地及建筑占地在六个景区的分布具有以下特点：

（1）松谷、钓桥景区现在建筑占地均为永久性用地，且以宗教建筑用地类型为主，具有传统用地的特点，无现代旅游接待服务旅游用地。

（2）温泉、云谷、北海、玉屏景区既有永久性用地，又有临时性用地，具有现代旅游开发用地的特点。

（3）六个景区中，仅有温泉景区有旅游管理用地类型，管理机构用地及常住人口生活用地共计36259万 m^2，占景区用地总数27.89％（管理结构及常住人口计划分期分批撤出风景区）。因此，温泉景区旅游开发用地最多。

第二节　旅游用地承载力分析

旅游用地按其功能来分，有游憩用地、旅游接待服务设施用地和旅游管理用地。游憩用地是一种主要的游览区用地，是风景区最主要的组成部分，是景点、景物比较集中，场地安排较为讲究，游客停留时间较长的地区。旅游接待服务设施用地主要包括旅游接待用地、旅游商业服务用地、休疗养用地、交通设施用地和旅游基础设施用地（给水、排水设施用地，旅游垃圾处理设施用地，电力、能源设施用地，邮政电信设施用地等）。旅游管理用地包括行政管理办公用地、公共安全机构用地（公安、消防、护林、防火等）以及常住人口生活用地等。在黄山风景区12255.9公顷国有土地面积中，旅游开发用地269441 m^2，其中游憩用地54239 m^2，旅游接待服务设施用地144024 m^2，旅游管理用地71178 m^2。黄山旅游用地承载力指标体系（见图5-1）。

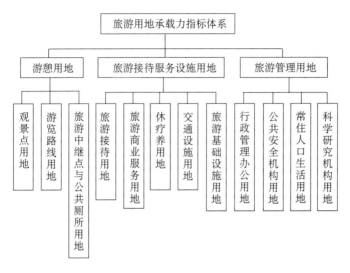

图 5-1 黄山风景区旅游用地承载力指标体系

一、游憩用地

黄山风景区有六个各具特色的游憩区(游览区),游览路线把景区内观景点连接起来,构成一个游览网络系统。主要游览路线长 61500m,平均宽度 1.5m,用地面积 92250m²,集中分布于温泉、云谷、北海、玉屏、松谷、钓桥景区。全区共有厕所 30 个,其中温泉区 6 个,云谷区 3 个,北海区 11 个,玉屏区 9 个,松谷景区 2 个。根据各景区游憩用地承载力现状分析,温泉、北海、玉屏景区基本趋于满载,已无多少可供开发的余地。而云谷、松谷、钓桥景区游憩用地承载力尚有富余,还能承受进一步的旅游开发活动,修筑游览路线,开发旅游景点,以及修建公共厕所等。

二、旅游接待服务设施用地

黄山风景区旅游接待服务设施用地承载力现状见表5-4。由表5－4分析,接待服务设施用地总面积144024m²,其中旅游接待用地82519m²,占57.30%,旅游商业服务用地3929m²,占2.72%,休疗养用地16334m²,占11.34%,交通设施用地17219m²,占11.96%,旅游基础设施用地24029m²,占16.68%。

表5-4　黄山接待服务设施用地承载力现状　　（单位:m²）

景　　区	温　泉	云　谷	北　海	玉　屏	合　计
旅游接待用地	42781	14025	20285	5428	82519
旅游商业服务用地	3260	258	405		3923
休疗养用地	16334				16334
交通设施用地	8486	8733			17219
旅游基础设施用地	13883	632	9105	409	24029

由于各景区自然地理、景观特色、主要功能等方面的差异,决定了旅游接待服务设施用地(5种类型)并不是均匀地分布。旅游接待用地(旅游宾馆、饭店用地)各景区都有。高山景区建筑用地极其紧张,占31.16%;低山景区建筑用地较为宽裕,占68.84%,仅温泉景区就占51.84%。旅游商业服务用地(商业中心及网点用地),以温泉景区为主,占83.10%,云谷景区占6.58%,北海景区占10.32%。休疗养用地集中分布于温泉景区。交通设施用地(车库、停车场、索道等),一部分在温泉区,占49.28%,另一部分在云谷区,占50.72%。旅游基础设施用地(水、电、能源、邮政等)

在各景区的分布详见表5-5。由此可知,温泉景区旅游基础设施最全,现有承载量最大,已达到过饱和程度。云谷、北海两区仅有供水设施,玉屏、松谷两区有给水和电力设施。松谷与钓桥景区具有旅游资源的开发潜力,应提高旅游基础设施用地的实际承载能力。

表5-5 黄山旅游基础设施用地承载力现状 (单位:m²)

景 区	温泉	云谷	北海	玉屏	松谷	合计
给水设施用地	8631	632	9105	391	7	18766
电力设施用地	1279			18	9	1306
液化气站用地	2020					2020
邮政电信设施用地	1953					1953

三、旅游管理用地

我国风景名胜区从其所处的位置与大中城市之间的关系,可以分为两类。一类依附于大中城市,另一类与大中城市相距较远。前者风景区中的部分功能可以由城市负担,如管理、旅馆、商业服务基地等。而后者则必须独立承担接待服务、旅游管理等。黄山属于与大中城市相距较远的大型风景区,为了方便旅游者,接待服务设施一般位于风景区内一些地段,如温泉景区、北海景区接待服务用地。旅游管理用地主要位于风景区外缘,如行政管理办公用地和常住人口生活用地。而公共安全与科研机构用地如护林房、防火哨亭、水库管理用房、标房以及广播电视转播台、气象台、地震监测站等则位于景区内的特定地段。黄山旅游管理用地现状如表5-6。

表5-6　黄山旅游管理用地承载力现状　（单位：m²）

景　区	温泉	云谷	北海	玉屏	钓桥	松谷	浮溪
行政管理 办公用地	5830						
常住人口 生活用地	30429	5240					
公共安全 机构用地	8700	618	2267	1247	1521	4260	372
科学研究 机构用地	307		10387				

　　由表5-6可知，公共安全机构用地，特别是防火护林房分布最广。不仅景区内有，而且保护区内也有。广播电视转播台与气象台位于北海景区的光明顶。至于行政管理办公用地及常住人口生活用地均位于慈光阁和云谷寺票房以外，正在逐步撤出风景区。

第三节　黄山主要景区旅游用地承载力评价

一、温泉景区

　　温泉景区旅游用地面积最多，已达到过饱和程度，出现严重超载局面。如建筑密集，风格各异，有城市化倾向等。现已分期分批拆除了景区内的临时建筑，降低了建筑密度，改善了景观效果。为了恢复温泉景区的游览观景功能，在一些观景价值较高的地区应建供赏景、小憩、避雨的建筑小品和游览步道。使建筑风格、体积、色彩、空间布局与景观协调统一。由于温泉景区食宿承载能力过剩，景区的旅游接待用地不宜再扩大。原则上，旅游管理用地不应占用风景区的土地。所以，管理办公、后勤基地、职工宿舍正在逐步迁出风景区，以重新调整与合理布局，使温泉景区成为优美的游览区和舒适的接待区。

　　根据黄山风景区"十一五"规划,温泉地段将综合整治改造,面积51.4公顷。改造内容为:温泉疗养中心、文化展示中心、商务会议中心、高档休闲娱乐中心、旅游购物中心、特色餐饮中心。最终将温泉景区建成集旅游、休闲、健身、疗养和住宿为一体的温泉养生谷。

二、云谷景区

　　云谷景区游憩用地不足,应不断开辟新的景观景点,增加游览内容,扩大景观范围。住宿客房应不同等级配套,以满足不同层次游客的需求。床位数的预测应趋于合理,以平衡供求关系。建筑格调与景观协调,根据幽静的环境特色,合理布局,严格控制建筑物的层高。

三、北海与玉屏景区

　　黄山地形陡峭,景色秀丽,而平缓的土地面积却窄小又贫乏,尤其高山景区可供建设用地十分紧缺。虽然北海、玉屏景区在旅游旺季有时超负荷接待,但游憩用地与旅游接待服务设施用地不宜再扩大。应采取措施、强化管理,合理地分流游客,把高山景区的旅游者吸引到松谷与钓桥景区。加速松谷与钓桥景区的旅游资源开发,在这两个景区内开辟游览新道,拓展新的景点,配套服务设施,保证服务质量。这样,不仅能够提高松谷、钓桥景区的旅游效益,而且,可以缓解高山景区旅游旺季游客过多的压力,达到既创效益,又保资源的良好效果。

第六章　生态环境容量

自然环境纳污力主要研究水体纳污能力和旅游垃圾处理能力,内容包括风景区内不同使用功能的水体应分别执行的不同水质标准和水体保护要求,水环境的主要污染源,各景区的生活排污量,水环境容量,水体保护措施;以及旅游垃圾处理阶段,旅游垃圾处理方法,垃圾产量时空分布和垃圾处理能力等。

第一节　水环境容量

一、水环境功能分区

黄山风景名胜区生态环境保护规划将黄山风景区的水资源分为3个水环境功能区,18个水环境管理区(表6-1)。

根据规划要求将分功能区对地表水环境质量实行严格管理,源头水应达到《地表水环境质量标准》(GB3838—2002)中的Ⅰ级标准,旅游观光区水体应达到《景观娱乐用水水质标准》(GB12941—91)中的B类标准,休闲娱乐区水体应达到《地表水环境质量标准》(GB3838—2002)中的Ⅱ级标准。

表6-1 黄山风景区水环境功能区划分

水环境功能区	执行标准	水环境管理区	水环境功能水体	备注
源头水功能区	《地表水环境质量标准》(GB3838—2002) I 级标准	北海源头水体	皮蓬附近溪水	进入云谷水库
		北海源头水体	北海资源保护近溪水	北海源头生态功能区
		玉屏源头水体	玉屏管理区内汇集莲花峰、鳌鱼峰、云际峰、莲心峰之间的三股溪水	进入五里桥水库
		玉屏源头水体	玉屏资源保护生态功能区内溪水	玉屏资源保护生态功能区
		温泉源头水体	汇集莲花峰、鳌鱼峰、云际峰、莲心峰之间的三股溪水	进入五里桥水库
		温泉源头水体	位于温泉管理区内的溪水	温泉资源保护生态功能区
		钓桥源头水体	青牛溪	钓桥资源保护生态功能区
		云谷源头水体	丞相源位于皮蓬以下,云谷水库上游部分	进入云谷水库
		云谷源头水体	丞相标源	云谷资源保护生态功能区
		松谷源头水体	松谷庵以上与丹霞峰并行的另外三溪	松谷资源保护生态功能区
		福固管理区水体	红泉溪、飞泉溪、紫云溪、滋歌溪	资源保护与管理区
		洋湖管理区水体	洋湖管理区内的两条溪水	资源保护与管理区
		浮溪管理区水体	浮丘溪	资源保护与管理区
观光旅游功能区	《景观娱乐用水水质标准》B 类标准	北海观光区水体	北海观光区内溪水	北海旅游观光生态功能区
		玉屏观光区水体	玉屏观光区内溪水	玉屏旅游观光生态功能区
		温泉观光区水体	白云溪—逍遥溪	温泉旅游观光生态功能区
		钓桥观光区水体	松林溪、香茹溪、甘泉溪	大峡谷旅游客输送生态功能区 钓桥游客周转输送生态功能区
		云谷观光区水体	丞相源,云谷水库下游至九龙瀑之间	云谷游客周转输送生态功能区
		松谷观光区水体	松谷庵附近松谷溪、丹霞溪	松谷资源为资源保护生态功能区 丹霞溪为资源保护生态功能区内纳污水体
休闲服务功能区	《地表水环境质量标准》(GB3838—2002) II 级标准	北海服务区水体	北海旅游服务生态功能区内溪水	北海旅游服务生态功能区
		玉屏服务区水体	玉屏旅游服务生态功能区内溪水	玉屏旅游服务生态功能区
		温泉服务区水体	温泉旅游服务生态功能区内污水	温泉旅游服务生态功能区

资料来源:黄山风景名胜区生态环境保护规划。

二、水环境质量评价

1979年前,旅游业尚未发展,旅游经济效益不高。黄山风景区全年游客只有数万人,旺季日平均客流量为数百人。由于游客的生活排污量不大,纳污水体可以靠自净能力保证水环境质量不降低,维持自然生态系统的平衡。

1979—1992年,游客增长迅速,旅游经济效益显著提高。由于游客数量急剧增加,生活污水和垃圾粪便的排放量逐年增多,污水处理设施等基本建设未及时配套,因而,大量旅游生活污水未经处理直接排入溪流中,使几条主要纳污水体受到不同程度的污染,也影响了水体的景观价值。

1993年以后,黄山风景区加强污水处理设施建设,许多宾馆、饭店、旅游公厕产生的生活污水都进入污水处理设施,经过处理达标后排放。因此,水环境质量逐步改善。

1. 污染源分析

黄山风景区水环境污染源主要来自游客及管理服务人员的生活排污,如景区内各宾馆、饭店产生的生活污水,旅游公厕产生的污水,旅游垃圾废弃物被雨水冲刷的淋溶水以及驻山单位职工的生活污水等。

不同景区产生的污水分别排入黄山风景区内不同的水体,各景区产生的污水与纳污水体的关系如表6-2所示。

由表6-2可知,黄山风景区2004年统计的污水排放量为1738912 m^3/a。主要纳污水体有桃花溪、逍遥溪、丹霞溪、丞相源和莲花沟。由于温泉景区内逍遥亭附近现有职工生活区及办公区(已计划分期分批下迁至汤口、寨西)。所以逍遥溪为受纳污水最多的水体。

表6-2　黄山各景区污水排放与纳污水体的关系

景区		主要单位	污水排放量 (m³/a)	纳污水体
温泉		桃源宾馆、黄山宾馆、温泉大酒店、轩辕饭店、工人疗养院、干部疗养院等	1317118	桃花溪、逍遥溪
		半山寺附近公共设施		
云谷		云谷山庄、云谷票房、云谷索道公司等	76630	丞相源
玉屏		玉屏楼宾馆、玉屏索道公司等	13560	丞相源、莲花沟
北海	北海片	狮林饭店、北海宾馆、白鹅山庄	331604	丹霞溪
	天海片	白云宾馆、天海山庄、天海园林招待所、光明顶山庄等		松林溪
	西海片	西海饭店、西海山庄、排云楼宾馆等		松林溪
松谷		太平索道公司、松谷票房等		白龙溪
钓桥				松林溪

资料来源:黄山风景名胜区生态环境保护规划,统计数据截至2004年。

2. 污水处理能力

黄山风景区现有13处污水处理设施,其处理能力详见表6-3。

据表6-3所示,黄山风景区每年污水排放量359064吨,污水处理能力1782920吨/年。即黄山风景区的污水处理能力大于污水排放量。按景区分析,污水排放量温泉景区91753吨/年,云谷景区33911吨/年,北海景区228024吨/年,玉屏景区5376吨/年。

表6-3　黄山风景区污水处理设施及其处理能力

污水处理设施	所在区域	年排污水量（吨）	污水主要污染物	设施工艺	建设日期	处理能力（吨/小时）	年处理能力（吨）
温泉南片污水处理设施	温泉南片	91753	BOD_5、COD_{Cr}、SS	生物接触氧化	1994	40	350400
云谷污水处理设施	云谷片	33911	BOD_5、COD_{Cr}、SS	氧化沟	1999	14	122640
北海宾馆污水处理设施	北海管理区	76426	BOD_5、COD_{Cr}、SS	生物接触氧化	1994	30	262800
狮林大酒店污水处理设施	北海管理区	21760	BOD_5、COD_{Cr}、SS	生物接触氧化	1997	40	350400
西海饭店污水处理设施	西海管理区	64355	BOD_5、COD_{Cr}、SS	厌氧+生物接触氧化	1998	21	183960
排云楼宾馆污水处理设施	北海管理区	23348	BOD_5、COD_{Cr}、SS	生物接触氧化	1998	15	131400
天海片污水处理设施	天海管理区	42135	BOD_5、COD_{Cr}、SS	生物接触氧化	2000	10	87600
玉屏楼宾馆污水处理设施	玉屏景区		BOD_5、COD_{Cr}、SS	污水处理、中水回用	1998	15	13400
玉屏索道污水处理设施	玉屏景区	5376	BOD_5、COD_{Cr}、SS	生物接触氧化	1997	4	35040
白鹅山庄污水处理设施	北海管理区		BOD_5、COD_{Cr}、SS	生物接触氧化	1995	6	52560
光明顶山庄污水处理设施	天海管理区		BOD_5、COD_{Cr}、SS	生物接触氧化	1993	6	52560
"二素"下站污水处理设施	松谷景区		BOD_5、COD_{Cr}、SS	生物接触氧化	1998	12	105120
半山寺宾馆污水处理设施	玉屏景区		BOD_5、COD_{Cr}、SS	生物接触氧化	1997	4	35040

资料来源：黄山风景名胜区生态环境保护规划，统计数据截至2003年。

污水处理能力温泉景区350400吨/年,云谷景区122640吨/年,北海景区1520120吨/年,玉屏景区83480吨/年。因此,黄山各景区的污水处理能力也大于其污水排放量。如果各污水处理设施都能达标排放,并保证正常运行,则完全能够满足对现有污水排放量的处理要求。

3.旅游公厕

黄山风景区在旅游干线上,现有旅游公厕30座,其中水冲式厕所22座,打包式厕所2座,生态厕所6座。可提供男蹲位94个,女蹲位95个,男女共用蹲位24个,小便斗79个(表6-4)。

表6-4 黄山风景区旅游公厕

序号	公厕名称	类型	蹲位 男	蹲位 女	小便斗	建造年代
1	温泉旅游公厕	水冲式	7	7	5	1995年
2	温泉大花园公厕	水冲式	3	3	1	80年代
3	慈光阁旅游公厕	水冲式	3	4	3	1997年
4	月牙亭旅游公厕	水冲式	3	3	3	80年代
5	半山寺旅游公厕	水冲式	5	3	4	80年代
6	天都峰顶公厕	水冲式	3	2	/	90年代初
7	天都峰新道公厕	水冲式	2	2	/	90年代初
8	玉屏楼旅游公厕	水冲式	4	6	4	90年代初
9	蒲团松旅游公共厕	水冲式	6	7	6	80年代
10	天海旅游公厕	水冲式	5	5	5	80年代
11	天海四合院公厕	水冲式	4	4	3	80年代
12	光明顶公厕	水冲式	9	5	槽式	80年代
13	西海旅游公厕	水冲式	6	6	1	90年代初
14	北海旅游公厕	水冲式	5	8	6	1997年
15	始信峰旅游公厕	水冲式	5	2	2	90年代初
16	白鹅岭旅游公厕	水冲式	4	5	4	80年代
17	入胜亭旅游公厕	水冲式	4	4	3	80年代
18	云谷索道下站公厕	水冲式	3	4	3	2004年
19	云谷旅游公厕	水冲式	4	4	5	1995年

序号	公厕名称	类型	蹲位		小便斗	建造年代
			男	女		
20	芙蓉岭旅游公厕	水冲式	3	3	3	1998年
21	松谷综合楼公厕	水冲式	5	5	4	1997年
22	西海大峡谷公厕	水冲式	1	1	/	2001年
23	虎头岩公厕1	打包式	3		1	2004年
24	虎头岩公厕2	打包式	2		2	2004年
25	云谷票房公厕	生态公厕	1		/	2004年
26	玉屏生态公厕	生态公厕	3		3	2004年
27	天都老道口公厕	生态公厕	4		2	2005年
28	玉屏索道下站公厕	生态公厕	4		2	2005年
29	莲花公厕	生态公厕	4		3	2003年
30	鳌鱼生态公厕	生态公厕	3		1	2005年
合计	蹲位:男94个,女95个,男女共用24个;小便斗:79个					

注:统计数据截至2005年。

景区现有旅游公厕基本能够满足旅游平季的如厕需要。但是在旺季双休日,尤其是黄金周期间,山上主要游览步道发生"拥堵",旅游公厕附近更是"人满为患",局部地段旅游公厕供不应求,根本不能满足游客的生理需求。

目前,黄山旅游公厕建设与管理方面尚存在下列问题:(1)旅游公厕分布不平衡;(2)旅游公厕的建设相对于黄山旅游业的发展明显滞后;(3)内部设施参差不齐;(4)管理服务水平有待提高。

根据"黄山旅游公厕建设与管理情况及下一步工作设想",确定的工作目标是:通过因地制宜的建设和务实创新的管理,促使景区旅游公厕的分布格局合理化、整体容量扩大化、满足需求便捷化、硬件改善标准化、设施健全现代化、污染预防体系化、管理规范程序化、服务提升品牌化。拟通过"改造一批、改建一批、新建一批、改进一批、特建一批",使旅游公厕这一"瓶颈"问题尽快得到解决。

4.水环境质量现状评价

根据黄山风景区2002—2004年环境质量报告,黄山风景区地表水设4个监测断面,分别为黄山大门、九龙瀑、松谷庵、钓桥。监测结果表明,黄山风景区地表水质量优良,达到或好于《地表水环境质量标准》(GB3838—2002)中的Ⅱ类标准,完全符合"关于黄山市水域功能划分办法"黄环字(1993)第38号文中对黄山风景区地表水执行国家Ⅱ类标准的要求,有些断面水质已达Ⅰ类标准。

三、水环境容量分析

根据黄山市环保局《关于下达黄山风景区"十五"期间主要污染物排放总量的通知》(环管字[2002])2号文的总量控制要求,黄山风景区的水环境容量为:NH_3-N为13t/a,COD_{cr}为192t/a。

目前,景区污水排放量在规定的总量控制范围内。根据《黄山风景名胜区生态环境保护规划》,未来将通过节约用水、中水回用等方式,减少污水排放总量,并确保所有污水都要就近纳管进入污水处理设施,经过处理达标后排放。则水环境容量不会成为限制黄山风景区旅游事业发展的"瓶颈"。

第二节　固体废弃物处理能力

一、固体废弃物处理阶段

黄山风景区旅游垃圾的处理可以划分为三个阶段。

第一阶段,1979年未发展旅游时,全年游客约7万人,以每人每天平均排放垃圾量0.90kg计算,年产垃圾达63吨,即平均每日0.17吨。由于垃圾量少,堆在山上,让其自然净化和流失,对景观和水质的影响不大,也不至于发生环境问题,靠自然处理方式维持着生态系统的平衡。

第二阶段,1979—1989年,旅游蓬勃发展,游客增长迅速,全区游客产生的生活垃圾量达95491吨,其中山上北海、玉屏景区生活垃圾排放量达19671吨,占总量的20.6%。旅游垃圾处理方式分两种,低山景区主要将生活垃圾运出景区外集中处理;高山景区基本是堆在山上,让其自然净化和流失。由于垃圾量大,超过了自然净化的能力,甚至有些物质难以自然净化。因而,影响景观,污染水体,产生一系列的环境问题。

第三阶段,1990年至今,随着人类发展观的演变,意识到环境与发展密不可分,要从根本上解决环境问题,必须转变发展模式和消费模式,节约资源和能源,减少废物排放,实行文明消费,建立经济、社会、资源与环境协调发展的新模式。为此,对旅游垃圾的处理主要采取了两条措施:第一,山上游览区常年累积垃圾妥善处理,将其中可回收的物资,突击清运下山,其余垃圾覆盖、压实、耕植土封场,并进行生态环境恢复。第二,调整燃料结构,由燃煤改为燃烧液化石油气、柴油或电力,减少垃圾排放量。对新产生的垃圾分类收集,清运下山集中处理。旅游垃圾彻底、及时处理,使黄山成为一座文明卫生之山。

二、固体废弃物处理方法

1. 固体废弃物分类

黄山风景区固体废弃物按性质可分为两类:一般固体废弃物

和危险固体废弃物;一般固体废弃物按产生来源可分为生活垃圾
与建筑垃圾;生活垃圾按成分可分为可回收垃圾、不可回收垃圾、
有机垃圾。

2.固体废弃物产出量

据统计,1997—2005 年黄山风景区垃圾产生量总计 38619.04
吨。最大为 7182.5 吨(1997 年),最小为 2742.7 吨(2003 年),平均
4291 吨(表 6-5)。近 9 年来,垃圾产出量并未随着进山游客人数的
快速增长而同步变化,却表现为逐步下降的趋势。这反映出黄山
风景区在加强环境卫生管理,加强旅游文明教育,促进固体废弃物
"三化"(减量化、资源化、无害化)方面所作出的努力。

表6-5 黄山风景区垃圾年产出量统计(1997—2005 年)

年份	垃圾产出量(吨)	进山游客(人次)	常住人口	流动人口	总人口
1997	7182.50	1078382	2173		1080555
1998	4113.91	982741	2330		985071
1999	5248.11	1190855	2450	1560	1194865
2000	4332.72	1172871	2521	1351	1176743
2001	3430.76	1344194	2592	1926	1348712
2002	4134.79	1354834	2629	1177	1358640
2003	2742.70	1038352	2643	1430	1042425
2004	3655.55	1601868	2644	1723	1606235
2005	3778.00	1709658	2636	1767	1714061

3.固体废弃物组成及分布

根据近 9 年(1997—2005 年)统计资料分析,一般无机垃圾占
60%,有机垃圾占 40%。其中,一般固体废弃物占 99.99%,绝大
多数为游客与居民产生的生活垃圾,而危险固体废弃物数量极少,

不足0.01%。

黄山风景区固体废弃物主要分布在游道附近,宾馆、酒店等经营场所,职工生活区。

4. 固体废弃物处理方法

黄山风景区旅游垃圾处理方法为分类收集、分类清运、集中处理、回收、焚烧与填埋。工艺流程见图6-1。

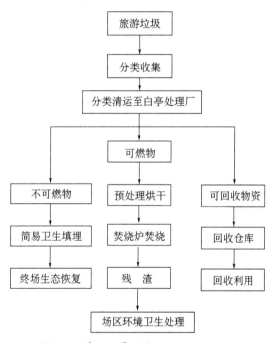

图6-1　黄山风景区旅游垃圾处理流程

三、固体废弃物处理能力

1. 生活垃圾分类处置

由于景区固体废弃物的组成变化不大,其主要成分为生活垃圾。现以2004年生活垃圾处理为例,说明景区生活垃圾的处置情况(表6-6)。

表6-6 2004年黄山风景区生活垃圾处置情况

垃圾总量(吨)	处置				
	焚烧	生物处理	回收利用		填埋
			废品	有机垃圾	
3633.92	754.70	93.76	1187.03	1387.54	210.89
比例(%)	20.8	2.6	32.7	38.1	5.8

2. 固体废弃物处理能力

目前,黄山风景区内垃圾大多数集中产生于温泉、北海、玉屏景区。现有5个垃圾处理场,即北海垃圾处理场、天海垃圾处理场、西海垃圾处理场、老道口垃圾处理场和白亭垃圾处理场。另外还有4个垃圾中转站,即松谷庵中转站、云谷寺中转站、半山寺中转站和温泉中转站。景区固体废弃物主要采用焚烧处置方式处理,现用简易垃圾焚烧炉(加水幕除尘和粉尘室),效果较好。有的垃圾处理场配备了BMS消灭型生物有机垃圾处理机。少部分可回收的固体废弃物回收利用,其余很小一部分采用填埋方式处理。一般情况下,景区垃圾基本日产日清,固体废弃物处置率达100%。但是,在旅游"黄金周"期间,超负荷接待的进山游客,不仅对旅游公厕的便捷使用,而且对旅游垃圾的及时清理提出了严峻的挑战。

根据黄山总体规划,将逐渐减少景区内宾馆酒店的床位,并对垃圾处理场进行改造。远期拆除北海、天海、西海和玉屏楼景点的垃圾处理设施,将焚烧炉撤出风景区。对白亭垃圾处理场进行综合改造,或寻找新的垃圾处理厂址。景区的建筑垃圾和不可回收的生活垃圾可运送黄山市(屯溪)大型垃圾综合处理场(在建)处理。

综上所述,目前固体废弃物对黄山风景区的环境质量尚未产生大的影响,垃圾处理减量化、资源化、无害化工作初见成效。固体废弃物处理处置工作现状还未构成对景区环境容量的限制因素。

第三节 大气与噪声环境

一、风景区大气环境特点

一般说来,大气污染主要来自三个方面:一是燃料燃烧向大气排放各种污染物;二是生产工艺过程中向大气排放各种污染物;三是机动车、火车行驶中向大气排放各种污染物。造成大气污染的最主要因素乃是煤烟型污染。

由于黄山风景区特定的自然、社会环境,足以保证大气环境质量的清洁。

1. 由于风景区内没有工业,同时也明令不得发展任何工业,因此,不会造成工业污染。

2. 在20世纪90年代中期,黄山风景区已经开展调整燃料结构,推广清洁能源的工作。对景区内宾馆、饭店、职工食堂实行改造,由燃煤改为燃烧电力或柴油。目前,景区内宾馆、饭店的锅炉以燃烧电力为主,占84.2%;燃烧柴油的锅炉为辅,占15.8%。因此,也不会有煤烟型污染。

3. 黄山风景区植被覆盖率为93%,森林覆盖率为84.7%。森林生态系统可以调节气候,净化空气,防止污染,保护和美化环境。

4. 风景区内有温泉至云谷寺、温泉至慈光阁等5条公路,总长达20.801km。现已采取措施控制进入景区的车辆数目(换乘景区旅游专线),减少公路汽车扬尘和汽车尾气排放。

5.旅游者和生活服务设施不会构成大气污染。

因此,黄山风景区大气环境质量经监测(2002－2004年环境质量报告)确属清洁,达到《环境空气质量标准》GB3095－1996中的一级标准,空气质量优。所以,在黄山旅游环境容量研究中,大气环境质量指标就显得并不那么重要。但是,从皖南旅游区大环境角度来看,安徽沿江区和皖南区江西景德镇区工业污染引起的酸雨值得重视,黄山风景区酸雨监测数据表明,酸雨出现频率有增加的趋势。

二、旅游区的噪声环境

噪声有三大来源:一是工业噪声,来自生产作业场所的机械噪声;二是交通噪声,如各种机动车辆、火车和飞机等所产生的噪声;三是其它噪声,有来自人们的生活噪声,如娱乐场所由人们交谈、喧闹中产生的噪声,以及自然界现象产生的噪声,如下雨声、雷击声等。

由于黄山风景区内无工业噪声,其噪声主要来源于宾馆、饭店、商店、文化娱乐设施、居民生活和车辆运行所产生的噪声,分为生活噪声与交通噪声。据监测,景区公路交通噪声达标,满足标准规定限值。近几年,实行景区旅游专线客运,交通噪声得到进一步改善。在主要游览区,只有旅游者步行游览观景时因谈话嬉闹而产生的噪声。但是,因为自然环境清幽,森林可以减少噪音,防止污染。同时,控制游览时人均占地指标,就不至于造成较大的噪声污染。所以,噪声指标对旅游环境容量的研究,影响不大。

第四节　生态环境容量

一、区域生态容量

生态容量的确定应立足于维持规划区域的自然生态系统,使其能够承受旅游和开发活动对生态的影响,同时对旅游者所导致的环境污染能够完全吸收和净化。

为了维护黄山风景区自然体系生态功能的良性循环,考虑经济与社会发展的需求,对风景区可接受的游客干扰强度进行估测是促进旅游地可持续发展的重要环节。游客容量的确定可以从两个层次展开。第一,在分析区域生态容量限制性因子的基础上,对整个风景区的区域生态容量进行预测;第二,在生态功能分区的基础上,以保持资源的自然性、时空性、科学性、和谐性和综合性为目标,以维护区内景观资源的生态服务功能为核心,以保护敏感资源和重要资源为重点,依据最低量定律,分析区内生态承载力限制性因子与游客心理承受能力,确定分区游客容量。

参考 2001 年 1 月 1 日实施的《风景名胜区规划规范》(GB50298－1999)制定的生态允许标准,并考虑敏感物种的生存需求,计算区域生态容量。

计算公式:游客生态容量(人/次)＝∑(规划用地面积/生态容量指标)

黄山风景区区域生态容量详见表6-7。

由表6-7可知,黄山风景名胜区生态容量为51176人/次。但是,目前生态容量指标尚难统一,有作者提出人均生态支撑面积为

30000。因此,黄山区域生态容量估测可能偏高。

表6-7　黄山风景区区域生态容量

土地利用类型	面积(km²)	占总面积的百分比(%)	生态容量指标m²/人	生态容量(人)
针叶林地	14.56	9.05	5000	2912
阔叶与混交林地	120.66	75.02	2500	48264
灌丛与疏林地	20.36	12.66	/	/
草　地	0.10	0.07	/	/
水　域	0.11	0.07	/	/
裸　岩	2.94	1.83	/	/
裸　地	0.09	0.06	/	/
居民点及建筑物	1.56	0.97	/	/
交通用地	0.17	0.11	/	/
耕　地	0.28	0.17	/	/
合　计	160.6	100.00		51176

资料来源:黄山风景名胜区生态环境保护规划。

二、各生态分区游客容量

旅游服务生态功能区从供水容量、面积容量、床位容量综合考虑,规划近期高强度利用区游客瞬时容量为4000人,日游客容量为6000人/日。

观光生态功能区,观景台人均面积指标近期按5 m²/人,远期按8 m²/人,景区内游览步道指标按5m/人计,则近期瞬时游客容量5176人,远期瞬时游客容量4180人。

资源保护生态功能区,普通游客容量应该为0,对于科研和探险要加以限制。

旅游及游客周转输送区,按人均指标5 m²/人(m/人)或8 m²/人(m/人)计,瞬时游客容量为9000人。

风景资源保护区游客容量为0。

大峡谷旅游观光区,瞬时游客容量80人。

资源保护和管理区,游客容量为0。

综上所述,黄山风景区各生态分区游客容量见表6-8。

表6-8　黄山风景区各生态分区游客容量

分区名称	生态功能亚区名称	瞬时游客容量(人)
资源高强度利用区	旅游服务生态功能区	4000
	观光生态功能区	5176
	资源保护生态功能区	0
	小　计	9176
资源低强度利用区	旅游及游客周转输送区	9000
	风景资源保护区	0
	大峡谷旅游观光区	80
	小　计	9080
资源保护和管理区	资源保护和管理区	0
	小　计	0
合　计	全区瞬时游客容量	18256

资料来源:黄山风景名胜区生态环境保护规划。

据《黄山风景名胜区生态环境保护规划》,近期黄山风景区全区瞬时游客容量18256,其中高强度利用区瞬时游客容量应控制在9176人,低强度利用区可承载9080人。远期黄山风景区全区瞬时游客容量17260,其中高强度利用区瞬时游客容量应控制在8180人,低强度利用区可承载9080人。

第七章　交通环境容量

黄山风景区内外交通较为便利。景区内由公路、游览步道和客运索道构成了内部交通运输体系；景区外已形成了公路、铁路、水运和航空的立体交通运输网络。这种四通八达的综合运输体系为黄山旅游业的发展奠定了良好的基础，可以方便快捷地集散着境内外的游客。

第一节　景区内部交通

一、景区公路

黄山风景区内的短程公路共有5条，总长20.801km（表7-1）。其中混凝土路面15.801km，沙石路面5km。温汤、温慈和温云公路，在温泉景区交汇。这3条景区公路联结着黄山的南大门汤口镇以及游客上山的南路入口—慈光阁和东路入口—云谷寺。在北侧有一条芙松公路，向内通黄山北大门入口—松谷庵，向外接甘（棠）芙（蓉岭）公路，将黄山北大门主要接待服务中心甘棠镇（原太平县,现为黄山区政府所在地)与风景区连接起来(图7-1)。在西侧有一条焦钓公路,向内通黄山西大门入口—钓桥庵,向北可达黄山区(甘棠镇),向南可通黟县。黄山景区公路是游客出入风景区的重要通道,为游客的快速集散提供了方便,缩短了游客的旅途时间。

表7-1 黄山景区公路一览表

公路名称	起点	迄点	长度(km)	技术等级	路面宽度(m)	路面质量	备 注
温汤公路	汤口	揽胜桥南首	4.5	二、四	7—12	混凝土	
温云公路	揽胜桥北首	云谷寺	5.973	四	6	混凝土	
温慈公路	揽胜桥南首	慈光阁	3.5	四	5.5	混凝土	
芙松公路	芙蓉岭	松谷庵	1.828	四	5.5	混凝土	
焦钓公路	焦村	钓桥庵	11.2	四	6	混凝土、沙石路面	焦村至小岭脚沥青混凝土路面,长6.2km,宽6m。小岭脚至钓桥庵沙石路面,长5km,宽3m。

注:焦村至小岭脚公路为景区外公路。

二、游览步道

黄山游览步道(或称磴道)由来已久。历史上人们修铺和开凿的四条主要登山道,对应着南、北、东、西四个方向攀登黄山的进出路线(即南路、北路、东路和西路),也对应着黄山的四个大门。现今,游览步道有40余条,在景区景点之间构成了一个登山游览的网

图7-1 黄山游览交通略图

络系统,为游客在景区内行走、观赏提供了方便。这些游览步道是游客在景区内登山观景的最主要通行路线,绝大多数为花岗岩石阶路。据统计,1989年底,游览步道总长47227米,宽1—1.5米,石阶近3万级。1994年底,磴道总长已达5万余米。近年来,随着游览结构的合理布局,新景区景点的开发开放,先后又开凿和修铺了一批游览步道。截至2005年底,黄山游览步道总长61500米(表3-3)。

三、客运索道

黄山风景区的空中客运索道有3条,即云谷寺—白鹅岭客运索道(简称云谷索道或一索),松谷庵—丹霞峰客运索道(简称太平索道或二索),慈光阁—玉屏楼客运索道(简称玉屏索道或三索)。

"一索"由黄山风景区独资建设,1984年6月1日动工兴建,1986年7月1日正式运营。全长2803.96米,上下站高差772.80米。三线往复式,客厢容量40+1人,支架5座,最高为40米,运行速度7米/秒。单程运行时间8分钟,运输能力300人/小时。"一索"为从黄山东路云谷寺方向上下山的游客提供了一条便捷的通道。

"二索"由黄山风景区和香港中旅集团有限公司合资建设。1995年5月18日正式动工,1997年12月26日竣工运营。全长3709米,上下站高差1014.5米。三线往复式,客厢容量100+1人,单程运行时间10分钟,运输能力600人/小时。"二索"为从黄山北路松谷庵方向上下山的游客提供了便捷的交通条件,同时为实现游客南北对流,减轻黄山南大门的客流压力,提高甘棠镇接待服务设施的利用率创造了良好的条件。

"三索"由黄山风景区、国家旅游局等单位合资建设。1995年7月18日动工兴建,1996年9月30日投入运营。全长2176米,高差753米,支架10座,自动循环吊厢式,客厢容量6人,速度0—6米/秒,单向运客量600人/小时。机电设备由奥地利多佩玛亚公司引进,安全舒适。"三索"为从黄山南路慈光阁方向上下山的游客提供了一条方便快捷的通道,为建立合理的游览格局与游客流向创造了有利的条件。

(1) 客运索道运载能力

黄山风景区三条客运索道的单向运输能力为每小时1500人,若按双向8小时计,每天可以运送24000名游客;如果每日运营时间为10小时,则可运载3万人次;若按12小时计,每天最大运载能力为3.6万人次(见表7-2)。

表7-2　黄山风景区三条客运索道运载能力

索道名称	云谷索道 (一索)	太平索道 (二索)	玉屏索道 (三索)	备　注
索道型式	三线往复式	三线往复式	自动循环吊厢式	
上行站	云谷寺站	松谷庵站	慈光阁站	
下行站	白鹅岭站	丹霞站	玉屏站	
线路全长(m)	2803.96	3709	2176	
单程运行时间(m)	8	10		
客厢容量	40+1	100+1	6	
单向运输能力 (人/h)	300	600	600	下列均为双向
每天运输能力 (人/d)	4800	9600	9600	按8小时计
较大运输能力 (人/d)	6000	12000	12000	按10小时计
最大运输能力 (人/d)	7200	14400	14400	按12小时计

（2）客流量对景区客运索道的需求

根据下列公式分别计算黄山风景区不同时期的客流量对景区三条客运索道的需求。

公式1：$Q1 = INT(UE + DE)/365$

式中：Q1—平均实际运载量(人/d)；

　　　UE—东路索道下站(云谷寺站)年上行总人次；

　　　DE—东路索道上站(白鹅岭站)年下行总人次；

　　　INT(N)—Excel中的数学函数,取N的整数部分。

公式2：$Q2 = INT((TE/31)*PE1 + (TT/31)*PE2)$

式中：TE—旅游高峰月东路进山人次；

TT—高峰月三路总客流量；

E1—东路乘缆车上行的比例；

PE2—东路乘缆车下行的比例。

公式3：Q3＝INT(GE*PE1＋GT*PE2)

式中GE—旅游高峰日中东路进山人次；

GT—高峰日三路总客流量；

PE1—东路乘缆车上行的比例；

PE2—东路乘缆车下行的比例。

注：公式仅以东路(一索)为例，二索和三索运载量的计算公式与此相同。

表7－3给出了黄山风景区三条客运索道2004年日平均实际运载量，1998年5月日平均较大需求运载量和1999年10月3日最大需求运载量的计算结果。

表7-3　客流量对景区客运索道的需求

索道名称	云谷索道	太平索道	玉屏索道	备　注
	(一索)	(二索)	(三索)	
上行站	云谷寺站	松谷庵站	慈光阁站	
下行站	白鹅岭站	丹霞站	玉屏站	下列均为双向
索道站集散能力(人/d)	3840	8000	8000	按8小时计
较大集散能力(人/d)	4800	10000	10000	按10小时计
最大集散能力(人/d)	5760	12000	12000	按12小时计
平均实际运载量(人/d)	2716	482	3453	2004年平均
较大需求运载量(人/d)	3762	621	3173	1998年5月平均
最大需求运载量(人/d)	5766	6512	17859	1999.10.3

(3) 客运索道的承载率

客运索道承载率的计算公式如下：

$$CP＝CQ／CC$$

式中：CP—客运索道承载率；

CQ—客运索道承载量；

CC—客运索道承载力。

根据公式和表7-2与表7-3中相对应的数据，分别计算三条客运索道的承载率（表7-4）。

表7-4 黄山风景区客运索道承载率

索道名称	云谷索道	太平索道	玉屏索道	备 注
	（一索）	（二索）	（三索）	
平均承载率	0.71(弱载)	0.08(严重弱载)	0.43(弱载)	按8小时计
较大承载率	0.63(弱载)	0.05(严重弱载)	0.26(弱载)	按10小时计
最大承载率	1.00(满载)	0.54(弱载)	1.49(严重超载)	按12小时计

由表7-4可知，云谷索道2004年日平均承载力、1998年5月日平均承载力均为弱载，只有1999年10月3日旅游高峰日出现满载。太平索道全部弱载，平时弱载比高峰日更严重。玉屏索道平均弱载，高峰日发生严重超载。

第二节 景区外部交通

一、公路系统

公路交通运输方式的突出优点是灵活便捷，能实现"门到门"的运送。因此，公路运输是黄山外部交通的最主要方式之一。它既能实现省内外游客往返客源地与黄山风景区之间的直接运输，又能把外围铁路、航空、水运站间接集散的境内外游客直接运送到黄山的大门口。构成了公路直达，陆路(火车与汽车)联运、空陆

(飞机与汽车)联运、水陆(轮船与汽车)联运,并与景区公路相接的综合运输网络。

黄山外围公路四通八达,国道级和省道级公路共计28条,构成了黄山风景区的16个进出口。其中,经过黄山南大门汤口镇的205国道蔡家桥至岩寺段和屯黄公路(屯溪－休宁－黄山)是最主要的游客集散通道。这两条公路集散着黄山风景区最主要流向的游客(图7-2、表7-5)。近年来,黄山的公路客运发展迅速,国营、集体和个体多方参与,为游客的集散提供了有利的条件。从长远

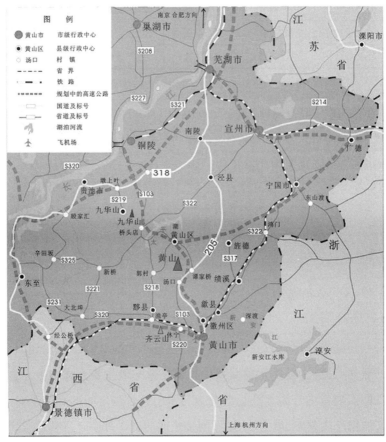

图7-2 黄山风景区外围交通略图

看,为了适应旅游对公路运输的要求,满足黄山旅游业发展的需要,必须加速高等级公路的建设。

表7-5 黄山市(区域)国道、省道公路

公路编号	公路名称	起点地名	终点地名	公路里程(km)	备 注
	合铜黄	合肥	黄山		高速公路,1级公路
	徽杭	杭州	黄山		高速公路,1级公路
G205线	山广线	雀岭	桃林	156.6	国道,2级公路
G318线		广德	安庆		国道,2级公路
S103线	合黄路	琉璃岭	二道岭	123.825	省道
S215线	宜徽路	界牌岭	徽州	26.6	省道
S217线		雄路	蔡家桥		省道.
S218线	甘渔路	甘棠	渔亭	85	省道
S219线		无锡	九华镇		省道
S220线	休务路	休宁	溪西	59.5	省道
S221线	殷大路	金汉牌	大北埠	46.1	省道
S231线	洋大路	簸箕坦	大观桥	37.5	省道
S322线	水仙路	浮溪	仙源	23	省道
S323线		旌德	鸿门		省道
S324线	杭徽路	昱岭关	吴山铺	59.88	省道
S325线		沙济	横船渡		省道
S326线	休张路	水桥关	小维岭	100.5	省道
S405线		合肥	屯溪	123.1	省道
S509线		安庆	屯溪	45.7	省道
S512线		芜湖	屯溪	102.0	省道
S618线		屯溪	甘棠	62.0	省道
S712线		屯溪	杭州	61.7	省道
S713线		休宁	婺源	59.5	省道
S806线		安庆	祁门	37.5	省道
	屯黄路	屯溪	黄山	66.0	省道

2004年10月18日，徽杭高速公路建成通车。从浙江杭州到安徽黄山，徽杭高速公路是连接皖、浙、赣、闽四省经济区域的主要干线，也是皖南山区通往沿海经济发达地区的主要通道之一。徽杭高速公路建成通车，彻底改变黄山市的对外交通条件，打破长期以来制约黄山旅游经济与社会发展的"瓶颈"，对皖南赣北融入长三角经济圈起到巨大的推动作用，对打造上海名城、杭州名湖、黄山名山世界级旅游黄金线具有重要的现实意义和深远的历史意义。徽杭高速公路的开通，标志着上海、杭州、黄山、南京、苏州的大旅游圈即将形成，为长三角区域旅游经济圈注入新的内涵，也为长三角大旅游经济圈合作提供了更为广阔的空间。

合肥－铜陵—黄山高速公路，其中合铜高速已经通车，铜陵—黄山段在建。合铜黄高速将穿越皖南区域中心地区，连接九华山、太平湖和黄山。对安徽省南北交通的改善，"两山一湖"发展战略的实施将起到积极的促进作用。

二、铁路系统

铁路交通具有运载量大，费用低，安全性好，环境污染小等突出优点，是远距离集散客源最重要的运输方式之一。黄山风景区的外围铁路，东、南面有皖赣线，北有宁铜线，东、北面有宣杭线。其中，皖赣铁路在黄山游客集散运输中所起的作用最大，坐落在屯溪的黄山火车站，是国内中、远程游客来黄山的最主要的集散通道。2005年列车时刻表，每天有8对旅客列车在皖赣线上通行，其中特快2对（北京—福州，上海—黄山），直快2对（合肥—厦门，南京西—厦门），快客2对（上海—鹰潭，南京西—南昌），普客1对（南京西—黄山），混合列车1对（绩溪—景德镇）。这些列车途经6个省(冀、鲁、苏、皖、赣、闽)和3个直辖市(京、津、沪),构成了以黄山旅游目的地为中心,向我国华东、华北大部分地区辐射的铁路交通运输网络,为了在较大的范围内集散游客提供了重要的交通保障。

三、水路系统

水路交通载运量大,耗能少,成本低,旅行安闲舒适,是重要的旅游交通条件之一。黄山风景区外围,北有长江,南有新安江,这两条河流在黄山游客集散中都能发挥一定的作用。皖南地区长江两岸有芜湖、铜陵、池州和安庆港,这是长江沿岸各港口城市的游客乘船前来黄山的理想中转港。池州港距九华山约50公里,九(华山)黄(山)公路已通车,九华山—太平湖—黄山(两山一湖)的旅游热线已基本形成。安庆港距天柱山约80公里,一些游客游览过天柱山之后,也可以较方便地去九华山和黄山游览。新安江是古徽州的一条重要贸易通道,因河道淤塞,正在实施整治工程。歙县深渡至浙江淳安、建德之间,每日有旅游船只迎送黄山游客,是杭州—千岛湖—歙县—黄山旅游热线的重要枢纽。如果新安江通航河段扩大,将在更广的范围内集散游客,为形成三山(黄山、齐云山、九华山)两湖(千岛湖、太平湖)旅游热线提供良好的交通条件。

四、航空系统

航空交通快速、省时,在远距离和国际旅游交通中占有重要地位。黄山机场位于屯溪(黄山市政府所在地)西北郊约5.5公里处,距黄山风景区67公里,为皖南地区规模最大的民用机场。黄山机场设施比较先进,是符合国际标准的现代航空二级港。机场跑道长2200米,宽50米,混凝土道面,配有一类仪表导航着陆系统,可供波音737等大中型客机全天候起降。现已开通十余条航线,每周始发29个航班,通达北京、天津、上海、广州、深圳、福州、杭州、合肥、武汉、海口和香港等十几个城市。黄山机场已成为重要的航空口岸,为境内外旅游者游览黄山提供了舒适快捷的空中通道。

第三节　黄山风景区交通容量分析

一、黄山风景区交通容量现状

1.旅游专线客运

为了进一步加强黄山风景名胜资源的保护管理,规范旅游交通客运市场经营行为,加强环境保护,减少安全隐患,为旅客提供安全、舒适、便捷、优质的交通服务。2005年3月11日经黄山市政府第三十次常务会议审议通过并颁发《关于黄山风景区南大门旅游专线客运管理暂行办法》(黄政[2005]11号)。2005年4月位于汤口寨西的新国线黄山风景区游客集散中心一期工程换乘主站房、停车场竣工启动运营,新国线集团(黄山)运输有限公司全面承揽黄山南大门内旅游客运业务,从而使南大门内客运管理和运营真正走上"五统一"(统一管理、统一经营、统一车型、统一标识、统一价格)的规范化轨道。这标志着黄山风景区道路交通运管机制和客运体制改革的重大突破。

为了贯彻落实黄政[2005]11号文件精神,黄山风景区管委会于2005年6月22日颁发《黄山风景区南大门旅游专线客运换乘运营实施方案》(黄管办[2005]80号)。决定自2005年7月16日起,对乘坐车辆进入黄山风景区南大门的游客实行换乘。

(1)换乘对象

除黄山市内公务车辆和抢险救灾、紧急救护、境外旅游团队、在温泉地区指定酒店订餐订宿协议车辆及黄山风景区南大门内基础设施工程维护车辆可以进入黄山风景区南大门内旅游专线外,凡进入黄山风景区南大门的游客(步行者除外)应在换乘中心(分中心)或其它换乘站点换乘内部专线客运车辆进入景区。

(2)换乘站点

指定换乘站点有汤口寨西换乘中心、南大门换乘分中心、汤口东岭换乘分中心、温泉换乘点,慈光阁换乘点、云谷寺换乘点、汤口镇汤泉桥停靠点、汤口镇工商银行门前停靠点和汤口镇银桥酒店停靠点(详见图7-3)。

(3)换乘方式

从屯溪、徽州区方向前往黄山风景区南大门内游览的游客,到汤口寨西换乘中心乘坐景区内专线巴士进入景区;从太平方向前往黄山风景区南大门内游览的游客,到汤口东岭换乘分中心乘坐景区内专线巴士进入景区;在汤口镇地区食宿的游客,可就近选择换乘中心、分中心或停靠点换乘景区内专线巴士进入景区。

(4)运营线路

1.云谷寺专线(往返线路):寨西换乘中心(东岭换乘分中心、南大门换乘分中心,汤口镇各停靠点)—温泉换乘点—云谷寺换乘点

2.慈光阁专线(往返线路):寨西换乘中心(东岭换乘分中心、南大门换乘分中心、汤口镇各停靠点)—温泉换乘点—慈光阁换乘点

3.慈光阁—云谷寺:自慈光阁至云谷寺或自云谷寺至慈光阁的游客,经温泉换乘点换乘。

图7-3　黄山风景区旅游专线客运换乘站点示意图

（5）景区旅游专线运力

2004年初,黄山风景区管委会决定新上黄山风景区客运中心项目,该项目衍生出两个公司。首先以资本为纽带,优化资源配置,组建以新国线运输（集团）公司控股、黄山旅游集团公司和黄山市运输总公司参股的新国线黄山风景区游客集散中心有限公司,通过以新国线运输品牌与黄山这个世界级优质资源的组合,拓展景区外线交通,以此为基础构建黄山市大旅游大交通战略,联手打造黄山旅游交通新品牌。以黄山旅游集团公司控股,吸纳汤口客运协会和新国线运输（集团）公司资本参股,组建黄山风景区旅游客运有限公司,统一经营内线客运和区级交通。

截至2006年8月,黄山风景区旅游客运有限公司现有车辆101辆,乘客座位数2459座。现有车辆运载能力预测见表7-6。

表7-6 景区旅游专线车辆运载能力

项　　目	中通	考斯特	中通	中通	出租车	捷达	牡丹	小计
单车乘客座位数(座)	33	22	27	37	4	4	19	
各类车辆数量(辆)	30	5	15	20	20	5	6	101
内线往返运行时间（分钟）	60	50	60	60	50	50	50	
每小时单车单行客座数(座)	33	26.4	27	37	4.8	4.8	22.8	
每小时单行总客座数(座)	990	132	405	740	96	24	136	2523

由此可知,景区旅游专线现有运力101辆车,可提供每小时单行总客座数2523座。

据有关部门提供的统计数据,近几年景区客流量基本呈现出以下规律。黄山风景区常规日(每年12月1日—次年2月28日和3月1日—11月30日之间的星期一至星期四)、旺季双休日(每年3月1日—11月30日之间的星期五至星期日)与黄金周(每年5月1日—5月7日、10月1日—10月7日及春节初一——初七)不同时段的游客流量,具有不同的特点。

常规日通常为每年11月16日至次年的3月15日,从2001—2003年统计数据来看,日均进山人数1200人以上;旺季通常为每年3月16日至11月15日期间,平均进山人数约为5500人;每年"五一"、"十一"黄金周则是黄山旅游的最高峰季节,平均日进山人数1.2万人以上,其中2—5日进山人数都在2万人以上,最高曾超过3万人。

根据客运量的统计规律,黄山风景区旅游专线客运现有车辆的运力基本可以满足黄山风景区目前常规日、旺季双休日游客流量的需求。但面对黄金周游客高峰时期,现有运力则明显不足。针对这一情况,应采取有效措施,保障黄金周景区换乘运力的充足。

2. 交通容量"瓶颈"

根据近两年黄山风景区旅游专线客运所能提供的运力,以及客流量的时空分布规律进行分析,从供给与需求的角度来看,景区内的停车场是黄山风景区交通容量的"瓶颈"。在"黄金周"期间,慈光阁和云谷寺停车场所呈现的"拥堵"程度并不亚于山上局部地段游览客流的"拥挤"程度。

据统计,慈光阁停车场面积400㎡,可停中型客车7-8辆。虎头岩净水厂附近有一个小型停车场面积450㎡。云谷寺停车场面积800㎡,可停中型客车15辆。云谷寺(自驾车)停车场面积800㎡,可停出租车或自备小轿车50辆。从停车场的现状接待能力来看,可以满足常规日、"旺季双休日"游客流量的需求,可以接待1.5-1.6万人次。但面对"黄金周"的高峰客流,景区旅游专线客运提供的运力不能满足游客的需求。因此,在这一特殊情况下,允许自驾车直接进入景区。当接待人数超过2万人次时,景区内的公路、停车场就显得非常"拥堵"。旅游专线客运车辆与自驾车交替行驶在蜿蜒曲折的盘山公路上,给旅游交通管理与保障行车安全提出了严峻的挑战。要想使从四面八方通过公路、铁路、航空、航运来到黄山的游客,"进得去、山上游;出得来、走得快。"就必须有一条或几条方便快捷的集散通道。

二、黄山风景区交通容量变化趋势

黄山风景区的交通容量,既受到景区外部交通的影响,又受到景区内部交通的制约。当景区内外部交通条件发生变化时,景区交通容量也将随之发生变化。

根据黄山市国民经济和社会发展第十一个五年规划纲要（2006—2010年），在"十一五"期间，黄山市将进一步完善综合交通体系建设。全面推进公路建设，着力打造与长三角城市群间4小时交通圈和市域交通网络。合铜黄高速公路建成通车，建成黄衢南（黄婺）、黄祁高速公路（含黟县支线）和扬州至绩溪延长至黄山高速公路，加快推进祁门至池州高速公路、黄山至千岛湖高速公路前期工作，尽快形成以屯溪为中心的高速公路骨架。加快国、省道公路升级改造步伐，构筑内引外联的快速通道。完善环黄山交通网络，建成齐云山等旅游公路。完成市交通运输指挥中心、黄山风景区换乘中心等重点公路枢纽场站建设。完善中心城区与风景区（景点）间、各景区（景点）间互通互联的旅游交通网络。力争动工建设皖赣复线工程，推进皖赣铁路提速和黄山火车站升级改造，开展黄山至杭州快速（城际）铁路、黄山—千岛湖—金华铁路、黄山—铜陵铁路前期工作。进一步完善黄山机场各项设施，新建国际候机楼、航管楼。严格控制机场附近各项建设，加强机场净空保护，为机场进一步扩建预留空间。综合开发新安江妹滩至屯溪段航道。

根据黄山市"十一五"交通规划，在"十一五"期间，黄山市将重点建设高速公路网等项目。"完成以屯溪为中心呈发射状的合铜黄、黄塔、桃和屯溪至祁门高速公路，力争建成溧阳至黄山公路安徽段、黄山至千岛湖两条地方经济高速干线，争取启动皖境济宁至祁门高速公路项目前期工作。"

根据黄山风景区"十一五"发展规划，将进一步改善基础设施条件，建设冈村至小岭脚环黄山公路（防火通道），提高钓桥至小岭脚公路等级，改造景区内温泉—云谷寺等旅游公路，完成旅游专用公路与高速公路对接。建立环黄山公路交通网络,全面贯通东、南、西、北四个大门,在甘棠、谭家桥、山岔和寨西设立交通站点,形成交通环线。完善南大门换乘中心建设,实施北大门专线客运。

　　制定西大门开发规划,完善西海大峡谷基础设施,修建谷底至三溪口游道,修整步仙桥至钓桥游道,将西海作为一个独立景区进行营销。开发皮蓬景点。新建云谷上站步行道、鳌鱼峰旁环形道、始信峰至上升峰游道等。修建从西海大峡谷经九龙潭到松谷景区游览步道,使松谷景区与西海景区连通。修建石门源至合掌峰至石笋冈、松林峰至九龙峰至大小洋湖、浮溪至钓桥探险路。2008年完成云谷索道改建工程。

　　根据黄山风景名胜区总体规划(2004—2025),近期(2004—2010年)出入口的位置将作适当调整。南面设两个出入口,保留逍遥溪出入口,增设山岔出入口,直接对外与合铜黄高速公路对接。取消慈光阁至云谷寺的机动车道,并取消云谷寺的出入口功能,使之成为风景区内的景点。北面保持现状,有一个芙蓉岭出入口。西面出入口小岭脚随着焦村至小岭脚公路路况的改善,已经正式开放。

三、黄山风景区交通容量远景分析

　　根据黄山风景名胜区总体规划(2004—2025),远期(2011—2025年)出入口的位置将作适当调整,东、南、北方向各增设一个出入口。随着东西生态游线路的建立与成熟,东面合并石门源低山景点,将石门源作为黄山风景区东面生态游线路的出入口。南面将上下九龙瀑合并为一处出入口(苦竹溪出入口),并入黄山风景区内部统一管理,其步行游览线路与云谷寺景点连接,恢复经九龙瀑步行登山的传统路径。当北面太平索道到期后,上站迁移至北海游览区石笋冈下方一带,下站东移至黄碧潭,并相应建设黄碧潭出入口。

　　黄山风景区内外部交通条件进一步改善以后,近期、远期容量预测详见第四章第四节。

第八章　游客心理容量

第一节　概　　述

一、课题的来源及意义

本课题来源于《黄山旅游环境容量研究》。通过对游客心理容量进行调查和统计分析，可以真实地了解游客之间在精华景点、一般景点以及景区和转移途中的心理距离。通过对游客心理距离的测量，形成风景名胜区游客心理距离标准，并据此分析测算整个风景区的心理容量。这种游客心理容量虽然不能简单地作为整个风景名胜区旅游环境容量的依据，但对于评估风景名胜区环境容量的测算标准和制定风景名胜区的旅游发展规划具有重要的参考价值。

二、调查的方法、过程及质量评估

这次黄山风景区游客心理容量调查采用问卷调查的方法。根据课题要求，调查重点是游客在不同景点、景区和转移途中的心理距离。然后以调查数据为依据进行测算，求出风景区的游客心理容量。

　　整个调查研究过程分为三个阶段。第一阶段:7.21－8.5,为调查的前期准备阶段和问卷设计阶段;第二阶段:8.7－8.15,为发放问卷和收集资料阶段;第三阶段:8.20－12.10,为统计分析和撰写调查报告阶段。

　　问卷发放主要在两个地方进行,一是在山上各景点休息区发放;二是在火车站候车室发放。事后评估,火车站发放回收的问卷质量要高于山上回收问卷质量,原因可能是火车站的游客都是游完黄山全程准备回程的游客,对问卷涉及的问题有较深入的了解;而山上游客则情况各异,有的游客基本游完了全程,有的游客只游览了一部分景点,有的游客刚刚上山,这样不同性质的游客所填写的问卷质量当然有所不同。

三、样本的构成

　　整个调查发放了506份问卷,由于是逐个发放,现场指导填写,当场回收,因此回收率达到100%.现从自变量的角度对样本的构成进行分项描述。

　　1.性别构成

　　506份问卷中,除去5份未答外,501份问卷中,男性为301,占59.5%;女性为200,占39.5%。

2.年龄构成

在样本年龄项,有503人作为明确回答。83.3%的人年龄在17岁—44岁之间。60岁以上的样本只占0.6%。

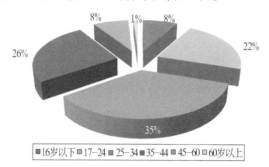

3.文化程度

游客的文化程度以大学文化为主,占总数的52.3%,其次为高中/中专文化,占26.1%。

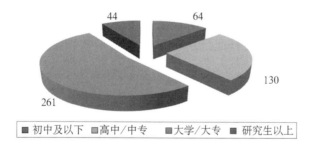

4.旅游性质

65.1%的游客是自费旅游,26.9%的游客是单位组织旅游。

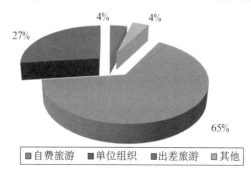

5.旅游次数

在样本中,77.4%的游客是第一次来黄山旅游,说明黄山旅游主要还是以观光型旅游为主。

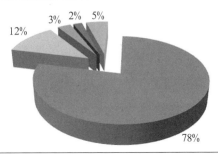

第一次 第二次 第三次 第四次 第五次以上

6.职业来源

游客的职业及单位性质比较复杂,主要来自事业单位(18%)、国有企业(18%)、民营企业(19%)和学生(20%)。其次是国家机关,五项合计达到85%。

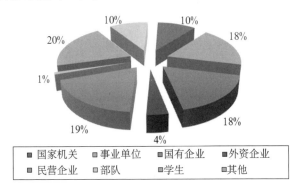

国家机关 事业单位 国有企业 外资企业
民营企业 部队 学生 其他

7.游客来源地

在游客来源上,96.6%的游客来自中国大陆,3%的游客是外国游客,台港澳及海外华侨只占0.4%。这一点与问卷发放方式有关系。由于问卷发放并不是随机抽样,而是由访问员在旅游点与火车站定点发放,导致在外国游客中,主要是从外形上判断出来的欧美国家和能用英语填写问卷的游客,而对日本和韩国游客因无法从外形上判断和无法用英语交流,很少成为访问对象。至于台港澳游客比例过小,可能与时间有关。当时正是暑假时期,国内是旅游高峰。

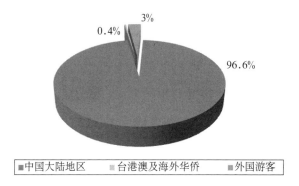

第二节　游客的总体评价与心理距离

一、游客对黄山的评价

1. 对黄山的总体印象

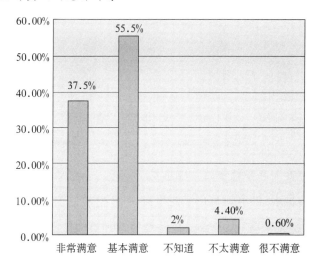

调查表明,来黄山的游客总体上是满意的,有 37.4% 的游客非常满意,有 55.5% 的游客基本满意,两者相加,满意率达到 92.9%。

2.对主要景区的印象

从各个景区来看,开发最成熟的北海景区、玉屏景区、云谷景区和温泉景区中,总体满意率分别为 67.7%、50.4%、62.4%、69.4%,如果加上可以接受项,则满意率分别达到 91%、81%、86.6%、84.8%,说明游客对主要景区的印象总体上也是满意的。但是,在四大景区中,对玉屏景区的印象相对较差,可能与其开发过度,游客过于拥挤有关。

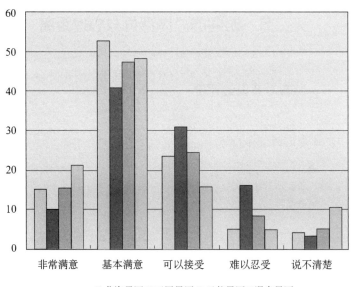

3.对黄山游客数量的心理感觉

从数据看,游客对黄山满意度高,并不意味着对游客的数量不关心,从调查来看,大多数游客还是感觉到黄山的游客拥挤情况。61.1% 的人感到非常拥挤和有点拥挤,35.3% 的人认为有些地方比较拥挤。认为不拥挤的人不到5%。

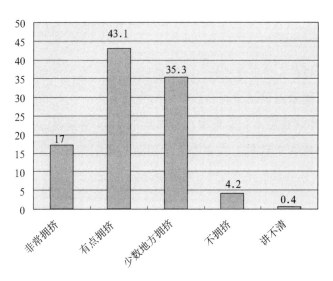

4.对黄山游客数量的总体期望

由于大多数游客感到人数过多,有点拥挤,因此,他们自然希望对游客的数量要有适当控制(占36.5%)。主张维持现状的人占32.9%,主张适当增加的人占24%。

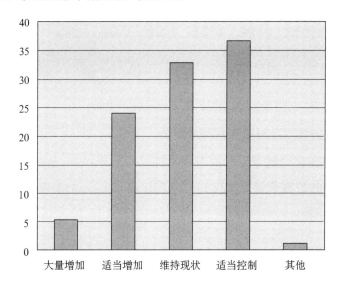

二、游客在景区、景点的心理距离

1.游客在精华景点的心理距离

精华景点也是游客在旅游中的主要看点。因此,在精华景点中,游客的注意力主要集中在自然景观上,相对来说,对于游客之间的距离要求较低。大多数人希望游客之间能保持1—2米的距离(72.7％),最低不少于0.5米的距离(49.2％)。

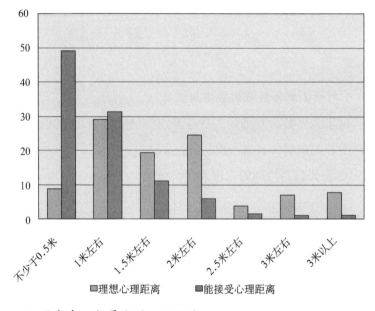

2.游客在一般景点的心理距离

游客在一般景点的心理距离并没有本质区别,从数据来看,71.5％的游客希望保持在1—2米的距离,50.7％的游客表示要不低于0.5米。

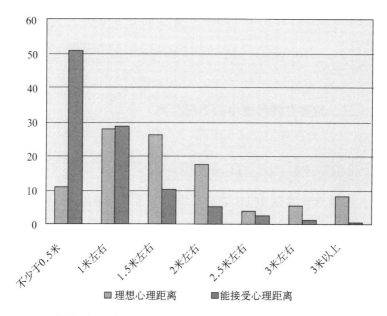

3.游客在等索道处的心理距离

等索道处通常是比较拥挤的地方,调查发现,在索道过程中,游客的心理距离与在景点游览时的区别不大,有70.9%游客希望维持

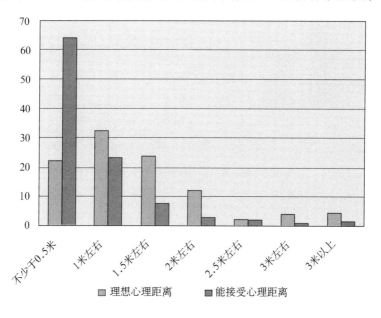

1—2米的距离,有63.9%的游客要求最低维持在0.5米以上的
距离。

三、游客在转移途中的心理距离

1.游客在景点转移途中的心理距离

在景点转移途中,有82.5%的游客希望维持在2—4米的距
离,有78%的游客强调最低不少于2米。

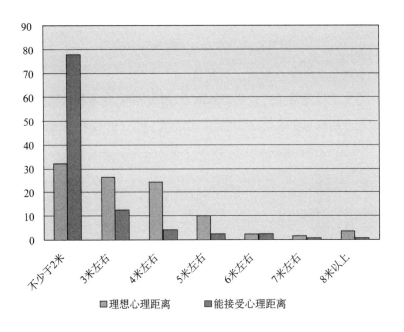

2.游客在景区转移途中的心理距离

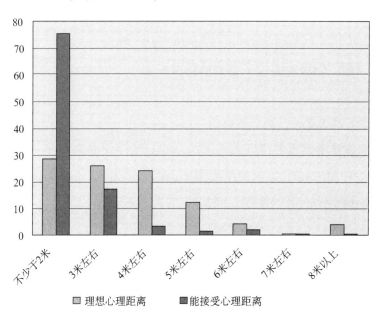

3.游客在上下山途中的心理距离

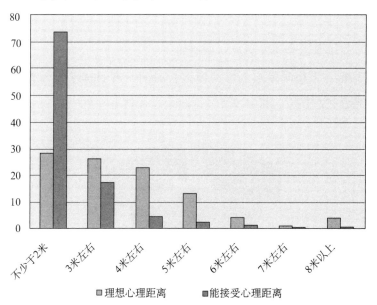

在上下山途中,有83.3％的人希望保持2—5米的距离。有73.6％的人强调游客的距离最低要维持在2米以上。

四、游客在景区、景点的停留时间

1.游客在景区的停留时间

在样本游客中,有62.8％的游客表示在一个景区只待一个小时左右,有24.3％的人表示要待2小时左右,有8.8％的人表示要待3小时左右,表示要待4小时以上的人不到5％(4.2％)。

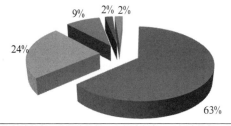

| ■1小时左右 ■2小时左右 ■3小时左右 ■4小时左右 ■5小时以上 |

2.游客在精华景点的停留时间

在一个精华景点能够停留多长时间？有79.4％的人表示会停留5—30分钟。其中33.7％的表示会停留10—20分钟。

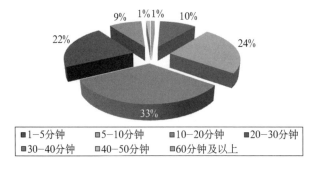

| ■1—5分钟　■5—10分钟　■10—20分钟　■20—30分钟 |
| ■30—40分钟　■40—50分钟　■60分钟及以上 |

第三节　游客的心理容量分析

一、心理容量的测算方法和步骤

风景区游客心理容量分析是在心理距离测量的基本上进行的。游客在旅游过程中所感受到的心理距离是其本人的一个实地心理感受，是在不考虑外部环境和周边环境的情况下所作出的一个对身边事物的判断。要根据这种个人的直观感受计算整个风景区的环境容量，需要遵循以下步骤：

第一步：分景区、景点计算出游客的心理距离平均值。

第二步：根据这个平均值计算出单个景点、景区的极限容量。

第三步：按照经验系数，将景点、景区的极限容量换算成实际预测容量。

第四步：将各个景点、景区的实际预测容量累加出整个风景区的瞬时心理容量。

第五步：根据游客在各个景点、景区的停留时间，计算出整个风景区的日容量、月容量和年容量。

二、游客心理距离平均值和在景区、景点平均停留时间的测算

测算公式：

$$\overline{X}=\frac{X_1f_1+X_2f_2+X_3f_3+\cdots+X_nf_n}{f_1+f_2+f_3+\cdots+f_n}=\frac{\Sigma X_1f_1}{\Sigma f_1}$$

1.精华景点的心理距离平均值

游客之间在精华景点的理想的心理距离（见章未基础数据表

8-15）

$$\overline{X}=\frac{0.5\times43+1\times141+1.5\times94+2\times121+2.5\times19+3\times34+3\times37}{43+141+94+121+19+34+37}$$

$$=\frac{806}{489}=1.65（米）$$

游客之间在精华景点能接受的心理距离(同上表8-16)

$$\overline{X}=\frac{0.5\times208+1\times131+1.5\times46+2\times24+2.5\times6+3\times4+3\times4}{208+131+46+24+6+4+4}$$

$$=\frac{391}{423}=0.924（米）$$

2.一般景点的心理距离平均值

游客之间在一般景点的理想的心理距离(同上表8-17)

$$\overline{X}=\frac{0.5\times53+1\times135+1.5\times127+2\times85+2.5\times19+3\times26+3\times40}{53+135+127+85+19+26+40}$$

$$=\frac{767.5}{485}=1.58（米）$$

游客之间在一般景点能接受的心理距离(同上表8-18)

$$\overline{X}=\frac{0.5\times214+1\times122+1.5\times43+2\times22+2.5\times12+3\times6+3\times3}{214+122+43+22+12+6+3}$$

$$=\frac{394.5}{422}=0.93（米）$$

3.游客在等索道处的心理距离平均值

游客在等索道处的理想心理距离(同上表8-19)

$$\overline{X}=\frac{0.5\times100+1\times148+1.5\times109+2\times55+2.5\times10+3\times17+3\times20}{100+148+109+55+10+17+20}$$

$$=\frac{607.5}{459}=1.32（米）$$

游客在等索道处能接受的心理距离(同上表8-20)

$$\overline{X}=\frac{0.5\times255+1\times91+1.5\times29+2\times10+2.5\times8+3\times2+3\times4}{255+91+29+10+8+2+4}$$

$$=\frac{320}{399}=0.80(米)$$

4.游客在景点转移途中的心理距离平均值

游客在景点转移途中的理想心理距离(同上表8-21)

$$\overline{X} = \frac{2 \times 153 + 3 \times 127 + 4 \times 117 + 5 \times 46 + 6 \times 13 + 7 \times 7 + 8 \times 18}{153 + 127 + 117 + 46 + 13 + 7 + 18}$$

$$= \frac{1656}{481} = 3.44 \text{（米）}$$

游客在景点转移途中能接受的心理距离(同上表8-22)

$$\overline{X} = \frac{2 \times 319 + 3 \times 50 + 4 \times 17 + 5 \times 9 + 6 \times 10 + 7 \times 1 + 8 \times 3}{319 + 50 + 17 + 9 + 10 + 1 + 3}$$

$$= \frac{992}{409} = 2.43 \text{（米）}$$

5.游客在景区转移途中的心理距离平均值

游客在景区转移途中的理想心理距离(同上表8-23)

$$\overline{X} = \frac{2 \times 134 + 3 \times 122 + 4 \times 114 + 5 \times 57 + 6 \times 19 + 7 \times 3 + 8 \times 19}{134 + 122 + 114 + 57 + 19 + 3 + 19}$$

$$= \frac{1662}{468} = 3.55 \text{（米）}$$

游客在景区转移途中能接受的心理距离(同上表8-24)

$$\overline{X} = \frac{2 \times 303 + 3 \times 68 + 4 \times 13 + 5 \times 6 + 6 \times 8 + 7 \times 1 + 8 \times 3}{303 + 68 + 13 + 6 + 8 + 1 + 3}$$

$$= \frac{971}{402} = 2.42 \text{（米）}$$

6.游客在上下山途中的心理距离平均值

游客在上下山途中的理想心理距离(同上表8-25)

$$\overline{X} = \frac{2 \times 133 + 3 \times 123 + 4 \times 107 + 5 \times 63 + 6 \times 20 + 7 \times 5 + 8 \times 21}{133 + 123 + 107 + 63 + 20 + 5 + 21}$$

$$= \frac{1701}{472} = 3.60 \text{（米）}$$

游客在上下山途中能接受的心理距离(同上表8-26)

$$\overline{X} = \frac{2 \times 301 + 3 \times 70 + 4 \times 19 + 5 \times 10 + 6 \times 5 + 7 \times 2 + 8 \times 2}{301 + 70 + 19 + 10 + 5 + 2 + 2}$$

$$= \frac{998}{409} = 2.44 \text{（米）}$$

7.游客在景区、景点的停留时间平均值

游客在景区的停留时间(同上表8-27)

$$\overline{X} = \frac{1 \times 300 + 2 \times 116 + 3 \times 42 + 4 \times 10 + 5 \times 10}{300 + 116 + 42 + 10 + 10}$$

$$= \frac{748}{478} = 1.56 \text{（小时）}$$

游客在精华景点的停留时间（同上表8-28）

$$\overline{X} = \frac{2.5 \times 50 + 7.5 \times 115 + 15 \times 163 + 25 \times 106 + 35 \times 41 + 45 \times 4 + 55 \times 4}{483}$$

$$= \frac{7917.5}{483} = 16.4 \text{（分钟）}$$

三、风景区游客瞬时心理容量测算

为了便于和现有资料对应,特将景区、景点心理距离、转移途中心理距离合并。得到如下数据：

景点理想心理距离＝(1.65＋1.58)/2＝1.62(米)

景点能接受心理距离＝(0.93＋0.93)/2＝0.93(米)

由此得到每个游客在景点的心理面积：

景点理想心理面积＝1.62*1.62＝2.62(米^2)

景点能接受心理面积＝＝0.93*0.93＝0.86(米^2)

实际测量心理面积＝(2.62＋0.86)/2＝1.74(米^2)

将景区转移、景点转移和上下山途中转移的心理平均,得到转移途中的心理距离：

转移途中的理想心理距离＝(3.44＋3.55＋3.60)/3＝3.53(米)

转移途中的能接受心理距离＝(2.43＋2.42＋2.44)/3＝2.43(米)

适度心理距离＝(理想心理距离＋能接受心理距离)/2＝2.98(米)

根据以上心理测量距离,运用现有的景区、景点面积和转移路线长度进行风景区游客心理容量测算。

表8-1 主步行观光区-步行道路瞬时游客心理容量

编号	起 点	终 点	长度	心理距离	心理容量
1.	名泉桥	回龙桥	311	2.98	104
2.	回龙桥	慈光阁大门	435	2.98	145
3.	慈光阁大门	半山寺	2056	2.98	689
4.	半山寺	玉屏楼	1110	2.98	372
5.	天都新道口	天都峰顶	1050	2.98	352
6.	天都老道口	天都峰顶	650	2.98	218
7.	蓬莱三岛循环道		139	2.98	46
8.	玉屏楼	蒲团松	360	2.98	120
9.	金龟探海	百步云梯	350	2.98	117
10.	玉屏楼	莲花新道口	300	2.98	100
11.	莲花新道口	莲花峰顶	600	2.98	201
12.	蒲团松	金龟探海	455	2.98	152
13.	金龟探海	莲花亭	225	2.98	75
14.	莲花亭	莲花峰顶	490	2.98	164
15.	莲花亭	天海	1210	2.98	406
16.	鳌鱼峰一线天段		220	2.98	73
17.	鳌鱼峰顶小环道		111	2.98	37
18.	海心亭	凤凰松	120	2.98	40
19.	天海	北海宾馆	1950	2.98	654
20.	北海宾馆	排云亭	1225	2.98	411
21.	光明顶	排云亭	1650	2.98	553
22.	排云亭	丹霞峰顶	544	2.98	182
23.	西海饭店	丹霞峰顶	660	2.98	221
24.	白鹅岭	701台叉口	212	2.98	71
25.	清凉台	狮子峰顶	132	2.98	44
26.	名泉桥	汤岭关	3350	2.98	1124
27.	汤岭关	钓桥庵	2775	2.98	931
28.	天海海心亭	钓桥庵	6700	2.98	2248
29.	云谷寺	入胜亭	1785	2.98	598
30.	入胜亭	白鹅岭	1660	2.98	557
31.	白鹅岭	北海宾馆	695	2.98	233

编号	起 点	终 点	长度	心理距离	心理容量
32.	黑虎松	始信峰顶	280	2.98	93
33.	莲花亭—莲花洞循环道		118	2.98	39
34.	蘑菇亭	石笋	210	2.98	70
35.	北海宾馆	清凉台	264	2.98	88
36.	北海宾馆	松谷庵	4800	2.98	1610
37.	松谷庵	芙蓉居	1400	2.98	469
38.	芙蓉居	芙蓉岭	290	2.98	97
39.	芙蓉居	老龙潭	370	2.98	124
40.	仙人指路	皮蓬	850	2.98	285
41.	西海大峡谷		3634	2.98	1219
小计			45746	2.98	15351
42.	改造后的云谷索道上站	皮蓬岔路	160	2.98	53
43.	水厂	白砂岗	150	2.98	50
44.	慈光阁	白砂岗	330	2.98	110
45.	太平索道上站	石笋峰	1350	2.98	453
46.	太平索道上站岔路口	十八道湾	850	2.98	285
	鳌鱼峰循环道				
小计			2840	2.98	953
合计			48586	2.98	16304

表8-2　主步行观光区-观景平台瞬时游客心理容量

编号	观景台名称	观景台面积（m²）	游客心理面积（m²）	理论容量(人)	2/3的饱和度（人）	1/2的饱和度（人）	1/3的饱和度（人）
1.	玉屏楼景点	950	1.74	545	363	272	181
2.	天海景点	720	1.74	413	275	206	137
3.	光明顶	1950	1.74	1120	746	560	373
4.	贡阳山	830	1.74	477	318	238	159
5.	钓桥庵景点	800	1.74	459	306	229	153
6.	西海景点	1470	1.74	844	562	422	281
7.	排云楼	780	1.74	448	298	224	149

编号	观景台名称	观景台面积（m²）	游客心理面积（m²）	理论容量(人)	2/3的饱和度（人）	1/2的饱和度（人）	1/3的饱和度（人）
8.	北海景点	4310	1.74	2477	1651	1238	825
9.	松谷庵景点	1100	1.74	632	421	316	210
小计				7415	4943	3707	2471
10.	梦笔生花观景台	30	1.74	17	11	8	5
11.	北海前散花坞观景台	30	1.74	17	11	8	5
12.	狮子峰上清凉台	120	1.74	68	45	34	22
13.	飞来石	40	1.74	22	14	11	7
14.	莲花峰顶	40	1.74	22	14	11	7
15.	天都峰顶	50	1.74	28	18	14	9
小计				174	116	87	58
合计				7589	5059	3793	2529

在上述各项中,线路心理容量按照理想心理距离与能接受心理距离的综合,形成适度心理距离2.98米计算,得到瞬时全线容量为16304人,精华景区按照适度心理面积1.74m²计算,理论容量为7415人,但在这样大的精华景区,不可能按照游客的心理距离面积饱和占据,建议采用1/3饱和度计算,容量为2471人,而对于精华景点来说,可以考虑按照2/3的饱和度计算,容量为116人。三项合计,则黄山山上的全程线路和精华景区、景点的心理容量为18891人。

附:基础数据表

表8-1　样本的性别构成

		频　率	％	有效％	累计％
有效的	男	301	59.5	60.1	60.1
	女	200	39.5	39.9	100.0
	总　　数	501	99.0	100.0	
缺失值（默认值）	系统默认值	5	1.0		
总　　数		506	100.0		

表8-2　样本的年龄分布

		频　率	％	有效％	累计％
有效的	16岁以下	39	7.7	7.8	7.8
	17—24	109	21.5	21.7	29.4
	25—34	179	35.4	35.6	65.0
	35—44	131	25.9	26.0	91.1
	45—60	42	8.3	8.3	99.4
	60岁以上	3	.6	.6	100.0
	总　　数	503	99.4	100.0	
缺失值（默认值）	系统默认值	3	.6		
总　　数		506	100.0		

表8-3   样本的文化程度

		频 率	％	有效％	累计％
有效的	初中及以下	64	12.6	12.8	12.8
	高中/中专	130	25.7	26.1	38.9
	大学/大专	261	51.6	52.3	91.2
	研究生以上	44	8.7	8.8	100.0
	总　数	499	98.6	100.0	
缺失值（默认值）	系统默认值	7	1.4		
总　数		506	100.0		

表8-4   样本的旅游性质

		频 率	％	有效％	累计％
有效的	自费旅游	327	64.6	65.1	65.1
	单位组织	135	26.7	26.9	92.0
	出差旅游	19	3.8	3.8	95.8
	其　他	21	4.2	4.2	100.0
	总　　数	502	99.2	100.0	
缺失值（默认值）	系统默认值	4	.8		
总　数		506	100.0		

表8-5   样本的旅游次数

		频 率	％	有效％	累计％
有效的	第一次	391	77.3	77.4	77.4
	第二次	61	12.1	12.1	89.5
	第三次	16	3.2	3.2	92.7
	第四次	10	2.0	2.0	94.7
	第五次以上	27	5.3	5.3	100.0
	总　　数	505	99.8	100.0	
缺失值（默认值）	系统默认值	1	.2		
总　数		506	100.0		

表8-6　　　样本的单位性质

		频率	%	有效%	累计%
有效的	国家机关	47	9.3	9.5	9.5
	事业单位	89	17.6	17.9	27.4
	国有企业	87	17.2	17.5	45.0
	外资企业	22	4.3	4.4	49.4
	民营企业	93	18.4	18.8	68.1
	部　队	7	1.4	1.4	69.6
	学　生	101	20.0	20.4	89.9
	其　他	50	9.9	10.1	100.0
	总　数	496	98.0	100.0	
缺失值（默认值）	系统默认值	10	2.0		
总　数		506	100.0		

表8-7　　　样本游客的来源地

		频率	%	有效%	累计%
有效的	中国大陆地区	487	96.2	96.6	96.6
	台港澳及海外华侨	2	.4	.4	97.0
	外国游客	15	3.0	3.0	100.0
	总　数	504	99.6	100.0	
缺失值（默认值）	系统默认值	2	.4		
总　数		506	100.0		

表8-8　　　样本游客对黄山的总体印象

		频率	%	有效%	累计%
有效的	非常满意	186	36.8	37.4	37.4
	基本满意	276	54.5	55.5	93.0
	不知道	10	2.0	2.0	95.0
	不太满意	22	4.3	4.4	99.4
	很不满意	3	.6	.6	100.0
	总　数	497	98.2	100.0	
缺失值（默认值）	系统默认值	9	1.8		
总　数		506	100.0		

表8-9 样本游客对北海景区的游览印象

		频 率	％	有效％	累计％
有效的	非常满意	55	10.9	15.1	15.1
	基本满意	192	37.9	52.6	67.7
	可以接受	85	16.8	23.3	91.0
	难以忍受	18	3.6	4.9	95.9
	说不清楚	15	3.0	4.1	100.0
	总 数	365	72.1	100.0	
缺失值（默认值）	系统默认值	141	27.9		
总 数		506	100.0		

表8-10 玉屏景区游览印象

		频 率	％	有效％	累计％
有效的	非常满意	37	7.3	9.6	9.6
	基本满意	157	31.0	40.8	50.4
	可以接受	118	23.3	30.6	81.0
	难以忍受	62	12.3	16.1	97.1
	说不清楚	11	2.2	2.9	100.0
	总 数	385	76.1	100.0	
缺失值（默认值）	系统默认值	121	23.9		
总 数		506	100.0		

表8-11 云谷景区游览印象

		频 率	％	有效％	累计％
有效的	非常满意	49	9.7	15.2	15.2
	基本满意	152	30.0	47.2	62.4
	可以接受	78	15.4	24.2	86.6
	难以忍受	27	5.3	8.4	95.0
	说不清楚	16	3.2	5.0	100.0
	总 数	322	63.6	100.0	
缺失值（默认值）	系统默认值	184	36.4		
总 数		506	100.0		

表8-12　温泉景区游览印象

		频　率	％	有效％	累计％
有效的	非常满意	63	12.5	21.1	21.1
	基本满意	144	28.5	48.3	69.5
	可以接受	46	9.1	15.4	84.9
	难以忍受	14	2.8	4.7	89.6
	说不清楚	31	6.1	10.4	100.0
	总　数	298	58.9	100.0	
缺失值（默认值）	系统默认值	208	41.1		
总　数		506	100.0		

表8-13　游客对黄山游客数量的心理感觉

		频　率	％	有效％	累计％
有效的	非常拥挤	85	16.8	17.0	17.0
	有点拥挤	216	42.7	43.1	60.1
	少数地方拥挤	177	35.0	35.3	95.4
	不拥挤	21	4.2	4.2	99.6
	讲不清	2	.4	.4	100.0
	总　数	501	99.0	100.0	
缺失值（默认值）	系统默认值	5	1.0		
总　数		506	100.0		

表8-14　游客对黄山游客数量的未来希望

		频　率	％	有效％	累计％
有效的	大量增加	27	5.3	5.4	5.4
	适当增加	120	23.7	24.0	29.5
	维持现状	164	32.4	32.9	62.3
	适当控制	182	36.0	36.5	98.8
	其　他	6	1.2	1.2	100.0
	总　数	499	98.6	100.0	
缺失值（默认值）	系统默认值	7	1.4		
总　数		506	100.0		

表8-15　游客之间在精华景点的理想的心理距离

		频　率	％	有效％	累计％
有效的	不低于0.5米	43	8.5	8.8	8.8
	1米左右	141	27.9	28.8	37.6
	1.5米左右	94	18.6	19.2	56.9
	2米左右	121	23.9	24.7	81.6
	2.5米左右	19	3.8	3.9	85.5
	3米左右	34	6.7	7.0	92.4
	3米以上	37	7.3	7.6	100.0
	总　　数	489	96.6	100.0	
缺失值（默认值）	系统默认值	17	3.4		
总　　数		506	100.0		

表8-16　游客之间在精华景点能接受的心理距离

		频　率	％	有效％	累计％
有效的	不低于0.5米	208	41.1	49.2	49.2
	1米左右	131	25.9	31.0	80.1
	1.5米左右	46	9.1	10.9	91.0
	2米左右	24	4.7	5.7	96.7
	2.5米左右	6	1.2	1.4	98.1
	3米左右	4	.8	.9	99.1
	3米以上	4	.8	.9	100.0
	总　　数	423	83.6	100.0	
缺失值（默认值）	系统默认值	83	16.4		
总　　数		506	100.0		

表8-17　游客之间在一般景点的理想的心理距离

		频　率	％	有效％	累计％
有效的	不低于0.5米	53	10.5	10.9	10.9
	1米左右	135	26.7	27.8	38.8
	1.5米左右	127	25.1	26.2	64.9
	2米左右	85	16.8	17.5	82.5
	2.5米左右	19	3.8	3.9	86.4
	3米左右	26	5.1	5.4	91.8
	3米以上	40	7.9	8.2	100.0
	总　数	485	95.8	100.0	
缺失值（默认值）	系统默认值	21	4.2		
总　数		506	100.0		

表8-18　游客之间在一般景点能接受的心理距离

		频　率	％	有效％	累计％
有效的	不低于0.5米	214	42.3	50.7	50.7
	1米左右	122	24.1	28.9	79.6
	1.5米左右	43	8.5	10.2	89.8
	2米左右	22	4.3	5.2	95.0
	2.5米左右	12	2.4	2.8	97.9
	3米左右	6	1.2	1.4	99.3
	3米以上	3	.6	.7	100.0
	总　数	422	83.4	100.0	
缺失值（默认值）	系统默认值	84	16.6		
总　数		506	100.0		

表8-19 游客在等索道处的理想心理距离

		频率	％	有效％	累计％
有效的	不低于0.5米	100	19.8	21.8	21.8
	1米左右	148	29.2	32.2	54.0
	1.5米左右	109	21.5	23.7	77.8
	2米左右	55	10.9	12.0	89.8
	2.5米左右	10	2.0	2.2	91.9
	3米左右	17	3.4	3.7	95.6
	3米以上	20	4.0	4.4	100.0
	总 数	459	90.7	100.0	
缺失值（默认值）	系统默认值	47	9.3		
总 数		506	100.0		

表8-20 游客在等索道处能接受的心理距离

		频率	％	有效％	累计％
有效的	不低于0.5米	255	50.4	63.9	63.9
	1米左右	91	18.0	22.8	86.7
	1.5米左右	29	5.7	7.3	94.0
	2米左右	10	2.0	2.5	96.5
	2.5米左右	8	1.6	2.0	98.5
	3米左右	2	.4	.5	99.0
	3米以上	4	.8	1.0	100.0
	总 数	399	78.9	100.0	
缺失值（默认值）	系统默认值	107	21.1		
总 数		506	100.0		

表8-21 游客在景点转移途中的理想心理距离

		频 率	％	有效％	累计％
有效的	不少于2米	153	30.2	31.8	31.8
	3米左右	127	25.1	26.4	58.2
	4米左右	117	23.1	24.3	82.5
	5米左右	46	9.1	9.6	92.1
	6米左右	13	2.6	2.7	94.8
	7米左右	7	1.4	1.5	96.3
	8米以上	18	3.6	3.7	100.0
	总 数	481	95.1	100.0	
缺失值（默认值）	系统默认值	25	4.9		
总 数		506	100.0		

表8-22 游客在景点转移途中能接受的心理距离

		频 率	％	有效％	累计％
有效的	不少于2米	319	63.0	78.0	78.0
	3米左右	50	9.9	12.2	90.2
	4米左右	17	3.4	4.2	94.4
	5米左右	9	1.8	2.2	96.6
	6米左右	10	2.0	2.4	99.0
	7米左右	1	.2	.2	99.3
	8米以上	3	.6	.7	100.0
	总 数	409	80.8	100.0	
缺失值（默认值）	系统默认值	97	19.2		
总 数		506	100.0		

表8-23 游客在景区转移途中的理想心理距离

		频 率	％	有效％	累计％
有效的	不少于2米	134	26.5	28.6	28.6
	3米左右	122	24.1	26.1	54.7
	4米左右	114	22.5	24.4	79.1
	5米左右	57	11.3	12.2	91.2
	6米左右	19	3.8	4.1	95.3
	7米左右	3	.6	.6	95.9
	8米以上	19	3.8	4.1	100.0
	总 数	468	92.5	100.0	
缺失值（默认值）	系统默认值	38	7.5		
总 数		506	100.0		

表8-24 游客在景区转移途中能接受的心理距离

		频 率	％	有效％	累计％
有效的	不少于2米	303	59.9	75.4	75.4
	3米左右	68	13.4	16.9	92.3
	4米左右	13	2.6	3.2	95.5
	5米左右	6	1.2	1.5	97.0
	6米左右	8	1.6	2.0	99.0
	7米左右	1	.2	.2	99.3
	8米以上	3	.6	.7	100.0
	总 数	402	79.4	100.0	
缺失值（默认值）	系统默认值	104	20.6		
总 数		506	100.0		

表8-25　游客在上下山途中的理想心理距离

		频　率	％	有效％	累计％
有效的	不少于2米	133	26.3	28.2	28.2
	3米左右	123	24.3	26.1	54.2
	4米左右	107	21.1	22.7	76.9
	5米左右	63	12.5	13.3	90.3
	6米左右	20	4.0	4.2	94.5
	7米左右	5	1.0	1.1	95.6
	8米以上	21	4.2	4.4	100.0
	总　数	472	93.3	100.0	
缺失值（默认值）	系统默认值	34	6.7		
总　数		506	100.0		

表8-26　游客在上下山途中能接受的心理距离

		频　率	％	有效％	累计％
有效的	不少于2米	301	59.5	73.6	73.6
	3米左右	70	13.8	17.1	90.7
	4米左右	19	3.8	4.6	95.4
	5米左右	10	2.0	2.4	97.8
	6米左右	5	1.0	1.2	99.0
	7米左右	2	.4	.5	99.5
	8米以上	2	.4	.5	100.0
	总　数	409	80.8	100.0	
缺失值（默认值）	系统默认值	97	19.2		
总　数		506	100.0		

表8-27 游客在景区的停留时间

		频 率	％	有效％	累计％
有效的	1小时左右	300	59.3	62.8	62.8
	2小时左右	116	22.9	24.3	87.0
	3小时左右	42	8.3	8.8	95.8
	4小时左右	10	2.0	2.1	97.9
	5小时以上	10	2.0	2.1	100.0
	总 数	478	94.5	100.0	
缺失值（默认值）	系统默认值	28	5.5		
总 数		506	100.0		

表8-28 游客在精华景点的停留时间

		频 率	％	有效％	累计％
有效的	1—5分钟	50	9.9	10.4	10.4
	5—10分钟	115	22.7	23.8	34.2
	10—20分钟	163	32.2	33.7	67.9
	20—30分钟	106	20.9	21.9	89.9
	30—40分钟	41	8.1	8.5	98.3
	40—50分钟	4	.8	.8	99.2
	60分钟及以上	4	.8	.8	100.0
	总 数	483	95.5	100.0	
缺失值（默认值）	系统默认值	23	4.5		
总 数		506	100.0		

第九章 旅游环境综合容量分析

旅游环境承载力综合研究是在游览环境承载力、生活环境承载力、旅游用地承载力与自然环境纳污力等单项承载力研究的基础上,对整个风景区内的景区承载能力进行综合评价,建立景区综合承载力定量评估模型,为有效保护旅游环境,合理开发旅游资源,促进旅游可持续发展提供科学依据。

第一节 景区综合承载力评价的基础与方法

一、景区综合承载力评价的基础

通过现场调研等方法,从地质、地貌、水文、气候、植物生态、旅游开发与规划、客流时空分布、客运索道承载力、客房利用率、旅游基础设施建设、环境影响评价、土地利用率、植被覆盖率、大气环境、水环境、生活垃圾、噪声及酸雨等方面获得了大量的数据。借助于计算机信息存储量大,功能齐全,操作快速简便等特点,应用电子表软件 Excel 对大量的数据进行处理和计算,形成统计图表,建立数据库。并应用文字处理软件 Word 将研究结果形成文稿，在其中插入表格和图形。

获取与计算的大量数据可以归纳为四类：

1.旅游资源类主要包括黄山的地质地貌旅游景观、水体旅游景观、生物旅游景观、气象旅游景观和人文旅游景观等。

2.旅游供给类包括游览景区布局、主要游览步道、客运索道、住宿设施、供水设施等。

3.旅游需求类包括游客结构、客流时空分布、客运索道承载量、客房利用率、不同景区需水量等。

4.旅游环境类主要包括土地利用结构、旅游用地种类、植被覆盖率、水体纳污力、旅游垃圾处理能力等。这些数据、图表和图形等是景区承载力评价的基础。

二、景区承载力评价的方法

景区承载力评价的方法可以概括为"全方位立体研究法"，主要包括"横向研究"与"纵向研究"（图9-1）。"横向研究"指从旅游环境承载力的系统中，按照游览环境承载力、生活环境承载力、旅游用地承载力和自然环境纳污力这四个层面展开，分别研究各单项承载力在风景区的分布。游览环境承载力主要研究游览景区对旅游者的实际承受能力与核定承受能力之间的比例关系。从旅游供给的角度分析游览路线和景区布局的合理程度；从旅游需求方面研究客流时空分布规律及其影响因素；从可持续发展的角度来合理确定不同时间、不同空间尺度内的理想负荷（合理流量）。通过大量的统计、计算与分析，建立不同时段的客流空间分布模型，确定单位长度（面积）指标分级，采用"全线

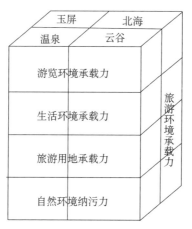

图9-1 景区承载力评价方法体系

容量法"、"路线周转法"、"面积容量法"、"瓶颈容量法"等对各
景区的日游览承载能力进行估算,根据各景区实际负荷(客流
量)与理想负荷(游览承载力)之比,计算游览环境承载率。生活
环境承载力主要研究各景区的供水能力和住宿接待能力,内容
包括旅游地水资源概况,现有供水设施的可供水量,供水人数,
供水时间,供水标准和水量的供需平衡;以及各景区的住宿接待
规模,客流住宿分布规律,不同床位利用率的接待容量估算。旅
游用地承载力主要研究风景名胜区(特种用地区)内的土地利用
现状,旅游用地种类与结构,对各景区游憩用地、旅游接待服务
设施用地、旅游管理用地进行分析与评价。自然环境纳污力主
要研究水体纳污能力和旅游垃圾处理能力,内容包括风景区内
不同使用功能的水体应分别执行的不同水质标准和水体保护要
求,水环境的主要污染源,各景区的生活排污量,水环境容量,水
体保护措施;以及旅游垃圾处理阶段,旅游垃圾处理方法,垃圾
产量时空分布和垃圾处理能力等。

　　"纵向研究"指从旅游风景区入手,着重研究每个景区内各

层面上单项承载力的分布。对各景区不同时间(年平均、高峰月平均、高峰日)的游览承载能力,不同保证率(丰水年50%、平水年75%、枯水年95%)下的供水能力,不同季节(淡季、旺季、年平均)的住宿接待能力,不同种类(游憩用地、旅游接待服务设施用地、旅游管理用地)的旅游用地承载能力,以及水体纳污能力和旅游垃圾处理能力等进行分析与综合评价。并通过适当选取一定数量的评价指标,采用合适的定量评价方法,建立景区综合承载力定量评估模型,表征景区综合承载力的有利程度,为促进风景区旅游可持续发展,实现环境效益、经济效益与社会效益的统一奠定基础。

对于旅游环境承载力的综合研究程序,可以从两个方面入手:

1.从旅游环境承载力入手,则有:

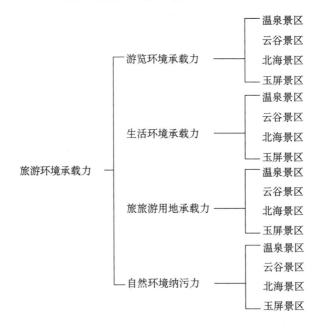

2.从旅游景区入手,则有

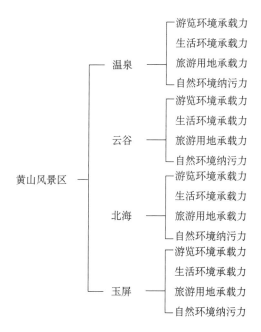

把这两个方面结合起来,则有如下图示概念:

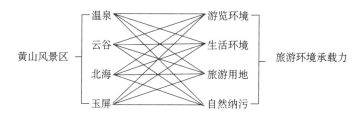

第二节　景区综合承载力具体研究

景区综合承载力研究是在单项承载力研究的基础上进行的,但不是简单的归并和综合,而是通过原始数据处理,三态赋值与计算,最终给出定量评价结果。

一、数据处理

根据实际调查、专家咨询、统计分析和定量预测,将温泉、云谷、北海和玉屏景区在不同时间(淡季、旺季、高峰日)、不同标准(舒适型、宽裕型、基本型)、不同功能(游憩、接待、管理)情况下的单项承载力进行三态赋值。当承载力有余,允许进一步开发,供大于求时,赋值为"+1";当供需基本平衡时,赋值为"0";当供小于求,出现超负荷时,赋值为"−1"(表9-1)。值得指出的是,在自然环境纳污力的三态赋值中,充分考虑了四个景区的环境质量现状,污染治理能力以及景观生态环境的定量评价结果。

表9-1 黄山各景区综合承载力三态赋值表

评价指标		温泉	云谷	北海	玉屏
日游览承载能力	淡季	+1	+1	+1	+1
	旺季	+1	+1	0	0
	高峰日	0	0	−1	−1
供水能力 (供需平衡)	舒适型	+1	+1	−1	−1
	宽裕型	+1	+1	0	−1
	基本型	+1	+1	+1	0
住宿接待能力 (客房利用率)	淡季	+1	+1	+1	+1
	旺季	+1	+1	−1	+1
	高峰日	+1	+1	−1	−1
旅游用地承载力	游憩	0	+1	0	0
	接待	−1	0	0	0
	管理	−1	0	0	0
水体纳污力		−1	0	0	0
旅游垃圾处理能力		+1	+1	+1	+1

二、定量评价

首先,用乘积矩阵矢量长度法求各评价指标(变量)的权重。

将表9-1中的三态赋值结果构成$X'_{m \times n}$矩阵,乘积矩阵$X'X = R$表现了变量之间的匹配关系:

R 中元素 r_{ij} 按公式: $r_{ij} = \sum_{k=1}^{n} X_{ki} X_{kj}$ 求得 , 变量权重为:

$$a_{ij} = \sum_{j=1}^{m} r_{ij}$$

经计算,得到评价指标的相对重要性排序:住宿接待能力(0.266)→供水能力(0.248)→日游览承载能力(0.231)→自然环境纳污力(0.139)→旅游用地承载力(0.117)。

由此可知,景区综合承载力中生活环境承载力(床位与水)起决定性的作用,其次,是游览环境承载力,而自然环境纳污力与旅游用地承载力起得作用相对较弱。

然后,用景区综合承载力定量评估模型:

$$y_i = \sum_{j=1}^{m} a_{ij} X_{ij}$$

其中 i = 1, 2, …n—景区;

　　j = 1, 2, …m—评价指标;

　　a_{ij} – 评价指标的权重;

　　y_i – 景区综合承载力定量评估值

由此可以计算得出各景区综合承载力的定量评估值。经归一化处理,景区综合承载力相对大小排序为,云谷(0.507)→温泉(0.411)→北海(0.042)→玉屏(0.040)。

由评估模型可以看出,y值是一个反映了各单项承载力之间关联程度的综合指标。

当 y＝0 时,整个系统供求基本平衡,旅游环境承载力处于适宜程度。

当 y＞0 时,供大于求,尚有余力允许旅游经济持续发展。

当 y＜0 时,供不应求,超负荷运行,必将制约旅游经济持续发展。

为了进一步表征景区综合承载力有利于持续发展的程度,现按下列公式:

$$E = \sum_{j=1}^{k} Q \bigg/ \sum_{i=1}^{n} P$$

表中 i＝1,2,…n;j＝1,2,…k;

E—景区综合承载力有利度

$\sum_{i=1}^{n} P$—某指标三态赋值总数;$\sum_{j=1}^{k} Q$—某指标某种状态的个数

分别计算各景区综合承载力有利度,列于表9-2。

表9-2　黄山各景区综合承载力有利度

有利度(%)	温泉	云谷	北海	玉屏
有利	64.29	71.43	28.57	28.57
平衡	14.29	28.57	42.86	42.86
不利	21.42	0	28.57	28.57

旅游环境承载力研究,不仅要定性分析和定量研究客流量的时空分布,水资源的供需平衡,客房利用率以及自然环境对污染的承受能力等等,更重要的是通过选取一定数量的评价指标,用

乘积矩阵矢量长度法确定指标权重,建立景区综合承载力定量评估模型,并给出景区综合承载力有利度,把旅游环境系统与社会经济活动的协调程度表征出来,把景区有利于持续发展的程度表征出来,为旅游资源的开发,旅游结构的调整,旅游环境的保护及旅游环境规划提供科学依据。为促进环境效益、经济效益与社会效益的统一,走持续发展的道路奠定基础。本项研究是探索性的,其方法可为不同类型风景区,旅游资源的开发与规划提供参考。

第三节　景区承载力综合评价

景区承载力综合评价是建立在单项承载力评价的基础之上的。现根据第2章至第8章的研究结果,对游览环境容量、生态环境容量、游客心理容量等进行综合分析。

一、游览环境容量

1.瞬时游客容量　一级宽松型容量为6833人次,

二级一般型容量为13666人次,

三级基本型容量为20500人次。

2.日游客容量

(1)每天进山人数约7000人次,山上滞留人数约1万人次时,游览环境比较宽松,旅游舒适度较高。

(2)每天进山人数约1万人次,山上滞留人数约1.4万人次时,在重要景点或"瓶颈"路段应加强管理,及时疏导分流游客,保障旅游安全。

(3)每天进山人数约1.7万人次,山上滞留人数约2万人次以上时,将对资源与环境保护,旅游管理以及旅游舒适度的提高产生不利的影响。因此,黄山风景区每天进山人数应控制在1.7万人次以内。

3. 年游客容量

(1) 近期游览容量

按宽松型容量8756人次/日计:

第一,全年满负荷,年游客容量为319.6万人次/年;

第二,全年按70%计,年游客容量为223.7万人次/年;

第三,旺季按100%计,淡季按70%计,年游客容量为279.9万人次/年。

从管理的角度考虑,可以将一般型容量15796人次/日作为双休日制定最大接待人数的参考依据,将基本型容量23265人次/日作为黄金周制定最大接待人数的参考依据。

(2) 远期游览容量

按宽松型容量9053人次/日计:

第一,全年满负荷,年游客容量为330.4万人次/年;

第二,全年按70%计,年游客容量为231.3万人次/年;

第三,旺季按100%计,淡季按70%计,年游客容量为289.4万人次/年。

从管理的角度考虑,可以将一般型容量16391人次/日作为双休日制定最大接待人数的参考依据,将基本型容量24158人次/日作为黄金周制定最大接待人数的参考依据。

二、生态环境容量—— 近期全区瞬时游客容量18256人

远期全区瞬时游客容量17260人

三、游客心理容量—— 全区瞬时游客心理容量为18891人

综上所述,将黄山风景区各单项承载力综合列于表9-3。

表9-3　黄山风景区各单项承载力汇总

单项承载力		瞬时游客容量（人次）	日游客容量（人次/日）	年游客容量（万人次/年）	备注
游览容量	现状	6833	7000	174.6	一级
		13666	10000	218.5	二级
		20500	17000	249.4	三级
	近期	8756	8000	223.7	一级
		15796	12000	279.9	二级
		23265	20000	319.6	三级
	远期	9053	9000	231.3	一级
		16391	13000	289.4	二级
		24158	21000	330.4	三级
生态容量	近期	18256			
	远期	17260			
心理容量		18891			

　　表9-3显示，游览容量17000人次（现状上限）、生态容量18256人次（近期）、心理容量18891人次，三项容量数值比较接近，其均值为18049人次。即黄山风景区旅游容量按最小值计，约为1.7万人次/日；按最大值计，约为1.9万人次/日；按均值计，约为1.8万人次/日。

　　表9-3比较全面、系统地反映出黄山风景区在不同时段、不同标准、不同影响因素、不同条件下的旅游环境容量。

　　旅游区的可持续发展，主要取决于"两个方面，一个平衡点"。一方面要充分利用旅游资源，大力发展当地的旅游事业，推动旅游经济持续增长；另一方面要根据旅游环境承载力（旅游环境容量）的客观限度，限制旅游发展规模（控制旅游人数），保护旅游资源和环境，以保持经济、环境、社会三者之间的相对平衡，达到经济效益、环境效益与社会效益的统一。

　　旅游环境容量的确定，是在一定条件下，寻求旅游经济发展与环境保护的平衡点,同时寻求资源保护与游客体验的平衡点。在评价时段发生变化,评价标准出现更新,交通条件有所改善,基础设施逐步完善,管理水平明显提高,游客素质逐渐提高等情况下,旅游环境容量的数值将随之发生变化。

因此,黄山风景区要根据"十一五"规划和新一轮总体规划的实施情况,建立实时信息反馈系统。并及时了解各个景区(景点)的超载、满载、弱载的现状,科学管理与调控,达到有效地控制旅游污染,防止超载,解决弱载问题之目的。

第十章　调控对策与保护措施

　　从黄山风景区客流时空分布现状分析,客流总量持续增长,客流空间分布不均,具体表现为:东"热"南"温"北"冷"西"稀"。即从东大门(云谷票房占56.24％)、南大门(慈光阁票房占36.69％)进山的游客占客流总量的90％以上,而从北大门(松谷票房占7.07％)、西大门(钓桥票房统计报北大门)进山的游客不足10％。客流时间分布不均主要表现为:游客时分布、日分布、月分布不均。在日客流量不超载的情况下,可能会出现局部路段,某一时段的拥堵;在月客流量不超载的情况下,也会出现日客流量的超载。

　　从黄山风景名胜区总体规划(2004－2025)分析,展望未来,内外交通更加便捷,东南西北四个方向出入口增多,南北大门为主,南北贯通观光游;东西大门为辅,东西开发生态游。云谷松谷文化游,周边低山半日游。基础设施逐步改善,旅游服务质量相应提高。"两山一湖"(黄山—太平湖—九华山)旅游热线的发展,将带动黄山周边地区的建设与发展。

　　面对四面八方的来客,面对快速增长的客流,黄山风景区如何在保护资源与环境的前提下,使旅游者感到舒适满意,使区域经济与社会环境可持续发展,这是摆在管理者、经营者和专家学者以及所有关心黄山建设与发展的公众面前的一个重要课题,也是我们提出调控黄山旅游容量,改进黄山旅游管理措施的基本出发点。

第一节　旅游环境容量的调控对策

一、建立实时监控系统

在黄山风景区各个出入口以及容易产生拥堵的地段,利用电子监测仪器对游客的时空分布进行自动监测与记录,管理人员及时掌握游客的分布状况,便于采取有效措施进行动态管理与调控。可以在适当位置设立电子显示屏,提前发布预告,引导游客分流。

二、建立应急预警机制

根据近几年黄山风景区客流量的统计分析,初步可以设立3级预警机制。当客流量超过5000人次时(双休日),启动一级预案;当客流量超过8000人次时(暑假),启动二级预案;当客流量超过12000人次时(五一、十一黄金周),启动三级预案。即针对不同的情况,制定完备的管理与控制预案,以便在情况发生时能够及时有效地采取相对应的管理措施。同时,对灾害性天气及其可能引发的地质灾害等给予足够的重视,并建立相应的预警机制,保障旅游安全。

三、利用交通调控

首先,从外部交通进行调控。通过调整不同交通工具(飞机、火车、汽车、轮船)的数量以及运营的线路,达到控制进入黄山风景区的客流量的目的。第二,利用"景区旅游专线"进行调控。所有进入黄山风景区的游客,均要换乘"景区旅游专线"方可进入景区游览,这就为交通调控提供了可能。根据实时监测系统提供的信息,可以引导"景区旅游专线"班车将游客送往不同的出入口,达到均衡客流的目的。并通过调整发车班次,来达到控制进入风景区的客流量。第三,利用客运索道进行调控。黄山风景区有三条客运索道,其运载能力也不相同。可以根据山上景区客流的分布情况,调整三条索道的实际承载量。第四,在旅游高峰期,适当增加"景区旅游专线"的运力,不允许私家车进入景区。

四、发挥价格杠杆作用

运用价格杠杆调节进入风景区的客流量是一种有效的经济调控。一般在旅游淡季与旅游旺季分别按不同的门票价格发售门票,按不同的标准收取服务费用,以达到调控进入风景区客流量的目的。

五、加强舆论引导

充分利用一切传媒手段,加大舆论引导的力度。及时发布旅游信息,倡导游客科学选择旅游目的地和旅游时间,追求高质量的旅游体验。

六、完善政策法规

旅游环境容量调控是风景区实施可持续发展战略的根本措

施,必须要获得政策与法规的保障和引导。应当制定新的旅游业绩评价标准,将旅游地生态环境保护、容量调控等纳入考评体系,使旅游环境容量调控变为经营者的自觉行动。

七、实行景区总量控制

任何一个风景区,接待游客的数量不可能无限制地增长。为了保障游客安全,保障服务质量,应当对每日可接待人数进行适度的控制。当游客人数超过某一数值时,即不对外发售门票,对客流量实行总量控制。而且,从保护生态环境、保障旅游安全、采用精细化管理的角度考虑,对重要景点如天都峰、莲花峰、西海大峡谷等,也应实行旅游总量控制。

八、索道门票实行预约制

可以考虑在黄金周、旅游高峰期对团队游客乘索道上山,实行门票预约制。通过门票预约,可以充分利用三大索道的游客通过量,统一调配风景区不同出入口的客流规模。

第二节 旅游环境保护与管理建议

一、进一步完善封闭轮休制度

黄山近年来已经实施了对天都峰和莲花峰实行轮休制度,取得了很好的效果。今后要进一步完善旅游资源具有相似性的景区景点的轮流封闭开放制度,对压力较大的景区景点有计划地实行定期封闭轮休,恢复生态,保护资源与环境,促进旅游可持续发展。

二、建立旅游环境容量信息化管理系统

运用现代化管理方法和手段,建立旅游环境容量信息化管理系统,加强信息反馈和综合研究,实现旅游环境管理科学化、现代化。宏观上,从外部交通控制进入风景区的客流总量,避免总量超载;微观上,在景区的险要路段(坡陡路窄地段等)控制客流量,并按流向分别放行旅游者,避免局部超载。尤其是各景区的瓶颈路段更应严格管理。根据历年的客流量统计资料进行科学研究,建立不同级别的应急预警机制进行管理。

三、在总量控制的基础上进行谨慎的分区扩容

黄山要实现旅游资源的可持续发展,必须实施总量控制。但总量控制并非机械地拒绝游客。相反,随着我国经济社会的快速发展,黄山游客量将会长期上升。为了适应这一长期趋势的要求,切实保护黄山的旅游资源,建议在总量控制的基础上进行积极而谨慎地分区扩容。

1. 充分发挥低山景区丰富的旅游资源,在温泉、松谷和钓桥景区进行科学规划设计,形成若干个具有国内外知名品牌效应的度假型旅游景区,吸引海内外高层次旅游人群,达成区域扩容的目的。

温泉景区山水辉映,峰峦叠翠气势宏伟,"天下名泉"闻名遐迩,接待设施功能完善,是一个景色幽美的游览区和方便舒适的接

待区。应采取措施恢复景观资源,开放"天下名泉"景点,保护、修复或建设景点,恢复游览景区特色,统一建筑风格,使之与景观协调。种植黄山特色植物,再现"桃源仙境"丰采,使温泉景区一年四季有景可观,有花可赏,形成较大规模的度假旅游区。

松谷景区环境清幽,风光秀丽,碧池水景,格外诱人。要抓住机遇,合理开发松谷景区的旅游资源。借九华山－太平湖－黄山旅游热线的形成之机,开发松谷庵温泉,使其成为黄山北麓的一处名景,使松谷景区的旅游资源得到有效地利用。

完善钓桥景区的外部交通,使西部秀丽的风景资源得到合理地开发利用,建立度假旅游区。

2.建立既分又合的分区旅游管理新模式,形成二次观光旅游区,吸引回头客,达成区域扩容的目的。

黄山曾经为分区旅游有过长期争论,迄今无结果。其实二者并非不可兼容。黄山是一个整体,机械地分割为几个区域,必将严重破坏黄山景区的完整性,降低观光游客的自由度;不分区又必然导致游客的过度集中,导致景区内冷热不均,限制了景区容量。其实,这种非此即彼的思维模式可以适当转换,把两种思路结合起来,通过建立"单行道管理模式",使整个景区即分又合,既能满足初次观光客的需求,也能达成分区旅游的目的。

后　　记

　　《黄山旅游环境容量研究》书稿在我们的书房里沉睡了十多年，今天终于得以面世。在重新整理书稿的过程中，当年在黄山各单位收集课题资料，到山上各景区进行问卷调查，从不同路线对黄山游览环境进行考察的情景仍然历历在目。虽然我们从事这一课题研究有比较扎实的理论基础与前期准备，但本课题的性质决定了它必须拥有黄山各单位的历年数据。如果没有黄山风景区各单位的大力支持与积极配合，要顺利完成这一课题是不可想象的。因此，我们要在这里向一批人表示感谢。

　　首先要对黄山管委会胡黎明副主任、黄山管委会规划土地管理局程世威局长和王潮泓副局长、园林管理局桂剑峰副局长、交通局丁新仁副局长表示感谢，感谢他们在繁忙的领导工作中抽出时间关心与支持本课题的调查研究工作。

　　其次，要对给予本课题提供大量具体帮助的各单位领导、专家及相关工作人员表示感谢。他们是：(1)规划土地管理局办公室关德军主任、方巍副主任、杨忠东副主任，还有天天与我们朝夕相处的赵昌斌同志。(2)园林管理局资保科叶要清科长以及园林管理局景区开发管理公司陆小平副总经理、人事行政部钱进经理、环卫管理部凌长江经理、财务部张建新经理。(3)计划统计科周能敏科长。(4)生态环境监测站徐俊站长。(5)森林公安分局赵一鸽局长。(6)自来水公司方成总经理。(7)黄山旅游集团有限公司王自云副总裁。由于时间久远,所列人员信息可能未必完全准确,更有许多为本课题提供过具体帮助的人已经无法一一列出。在此,一并向他们表示衷心地感谢。

另外,还要感谢黄山市委党校汪晓华教授和黄山风景区集团公司董事局章德辉主席,感谢他们帮助查阅和提供了黄山风景区近年来的游客接待数据,这对于我们重新评估这份研究成果的价值具有非常重要的意义。

最后要感谢责任编辑钱震华同志,感谢他为本书所作的一切。

作者2022年8月15日于上海

图书在版编目（CIP）数据

黄山旅游环境容量研究/刘玲,吴鹏森著.
—上海：上海三联书店,2023.4
ISBN 978－7－5426－8027－3

Ⅰ.①黄… Ⅱ.①刘…②吴… Ⅲ.①黄山—旅游环境
容量—研究 Ⅳ.①X26

中国国家版本馆 CIP 数据核字（2023）第 037901 号

黄山旅游环境容量研究

著　　者　刘　玲　吴鹏森

责任编辑　钱震华
装帧设计　陈益平

出版发行　上海三联书店
　　　　　中国上海市漕溪北路 331 号
印　　刷　上海昌鑫龙印务有限公司

版　　次　2023 年 4 月第 1 版
印　　次　2023 年 4 月第 1 次印刷
开　　本　700×1000　1/16
字　　数　200 千字
印　　张　15.5
书　　号　ISBN 978－7－5426－8027－3/X・5
定　　价　88.00 元